U0085503

「Atelier UKAI」超人氣餅乾大公開！

170個必學技巧與訣竅，298張詳盡步驟圖解

最完美的甜鹹餅乾獨家配方

鈴木滋夫

餅乾的樂趣

小時候到家裡附近的糖果餅乾店，有限的零用錢總是讓我猶豫著買什麼才好，爲此煩惱的時光也是快樂的一環。進入了糕點的世界後，我仍然忍不住持續地思考著「應該製作出具有魅力到讓人迷惑，該從哪個下手才好，令人樂在其中的餅乾」。

實際上，每一塊餅乾的成型都有其必要的邏輯和技巧。

相較於此，更重要的是想要讓人品嚐、令人歡欣的心情。我想這就是爲了心念中的某人、在飽含想望的心情下進行製作。

本書中，介紹了Atelier UKAI各式各樣的餅乾。

對於首次製作餅乾的讀者，建議可以試著從「如砂粒般入口即化的楓糖餅乾」開始挑戰。材料簡單，只要有一個缽盆就能輕鬆地完成製作。爲了心中想取悅的、最重要的人，務必端出剛烘烤完成的美味，希望藉此能讓大家體會餅乾的樂趣及美味，這就是我最大的榮幸。

「獻上Atelier UKAI工坊剛出爐的糕點。
入口就能感受到的幸福心情，
希望也能持續製作觸及記憶、鼓動心房的點心。」

這是Atelier UKAI的餅乾想傳遞的訊息。

衷心地期望將這樣的心情傳達給您。

鈴木滋夫

Atelier UKAI的餅乾

Atelier UKAI的餅乾，始於餐廳「うかい亭（UKAI亭）」的迷你花式點心（petit four）。在套餐的最後，以推車形式的地將餅乾、馬卡龍或費南雪等小型糕點推出來，向客人說：「請挑選喜歡的來嚐嚐」。因爲UKAI亭的主餐是牛排，所以迷你花式點心是以「輕盈口感」爲主題。即使在酒足飯飽後也能再享用2～3個，方便食用的大小，輕盈口感、入口即化、風味和形狀也要有能夠吸引人、留下深刻印象的糕點…經過多次的尺寸、粉類用量調整至最少的挑戰，成品能鬆脆地入口即化，在不斷錯誤嘗試中，終於完成現在的形式。

這樣的成品在廣受好評之後，有越來越多的聲音提出「想要在家裡也能享用」，所以法式糕點店「Atelier UKAI」終於在2013年開幕了。店內的招牌商品就是在本書中以「經典餅乾」介紹給大家的各種綜合罐裝小餅乾「four sec」。

將「UKAI的餘韻帶回家」這樣的概念下，究竟要以何種內容來展現魅力呢？當時我的腦海中浮現的畫面是日式年菜的盒子。塡滿盒中配色鮮艷的料理、美麗的盛裝方式，只要一掀開盒蓋，就能不由自主地發出驚艷的歡呼－以這樣的概念爲主，再次研究罐內的分隔及塡裝方式。利用不規則大小的分隔來變化點心與餅乾的大小，以隨機方式裝入數種餅乾“集中組合”，不僅是味道、連形狀、顏色的搭配，即使是視覺上都能享受到美感的成品。

另一方面，爲了「UKAI鳥山」、「豆腐屋UKAI」等和食餐廳的客人也能享受到這些樂趣，首次將利用日式食材製作的餅乾加入了組合。「經典餅乾」是利用奶油、雞蛋的優點，加上堅果、果醬等副材料完成的成品；相對於此，和風餅乾則是以黃豆粉、抹茶、芝麻、柚子等食材，直接地將本身的美味呈現，並提引出更多不同的風味。爲表現出日式食材的纖細，配方及製作方法也朝向自然簡約。完成的滋味及口感相對更加清爽，相較於經典餅乾，也有人表示喜歡這樣的組合，「這些比較容易入口」、「很適合搭配煎茶」。提到這個，如此的“和洋折衷”也正是UKAI的特色與優點。並不會區隔經典餅乾、和風餅乾，偶爾各取雙方之優點地製作出更豐富、更深刻的風味。

得到餐廳料理、點心的啓發，加入了料理手法的餅乾製作，也是「Atelier UKAI」才有的獨特方法。例如「黑糖焙茶奶油酥餅」，就是從UKAI亭所製作的黑糖焙茶冰淇淋得到的靈感來製作；松露鹹脆餅或奶油酥餅，也是由餐廳的松露料理得到的發想延伸。本書介紹的「鹹味餅乾」中，蔬菜的使用方法或辛香料的提香方式等，也是向集團餐廳的料理廚師們學習取經後，大量應用於製作。

而這樣的鹹香鹽味餅乾，其實最初是因應顧客們想要有「下酒小點」而研發出來的。即使是過去不曾製作過的口味，很多都是接受了顧客們的要求，在不斷的嘗試摸索中，蘊釀出獨特的嶄新組合，如此與餐廳緊密合作所完成的品項，眞的十分有成就感。我個人也常在想「如果是餐廳的客人會有什麼感覺呢」，具體地想像用餐情境，很容易想到的就是「更爲輕盈」、「彰顯風味」等，這樣的取向才更能呈現UKAI的精神。

對我們的餅乾來說，新鮮度也是非常重視的部分。在「Atelier UKAI」自己研磨占度亞巧克力（Gianduja）所需的堅果，果醬也都使用自製的。使用優質食材，儘可能以新鮮狀態將我們的心意傳遞給每一位客人。

目 錄

專欄

經典餅乾

和風餅乾

鹹香鹽味餅乾

副材料與裝飾

* 奶油使用的是無鹽奶油。鮮奶油是乳脂肪成分47%的種類。
* 糖粉是不含玉米粉或ORIGO糖的糖粉。用於裝飾時是使用專用糖粉。
* 鹽之花(Fleur de sel)是法國布列塔尼所產的海鹽。
* 泡打粉使用的是不含鋁的製品。
* 泡打粉、小蘇打、辛香料、萃取精華、果泥等即使少量也會影響成品,部分是以0.5g爲單位標示,使用能計量0.5g的量秤會比較方便。
* 1大匙是15cc、1小匙是5cc。
* 色素的計量是使用1/10的小匙(每匙是0.1cc)。
* 本書中,大多使用桌上型攪拌機來製作的麵團。槳狀攪拌棒(Beater)是指混拌時,網狀攪拌棒(Whipper)是打發時所使用。
* 材料表中完成的用量是標準參考量。
* 其他關於基本材料及製作方法,請參考P.8「開始製作之前」。

開始製作之前

在此將本書當中提及的材料及製作方法加以說明。
請在製作餅乾之前，略讀一二。

奶油

材料當中的奶油，使用的都是無鹽奶油。
奶油配合麵團的類型，會有以下的預備作業。

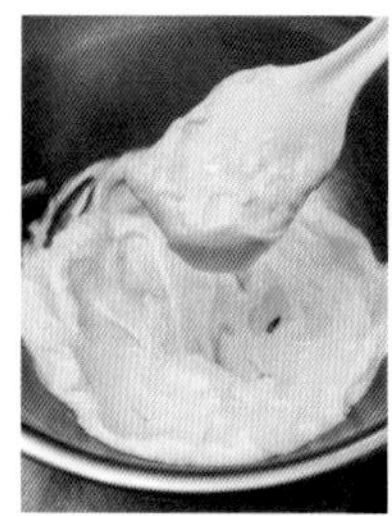
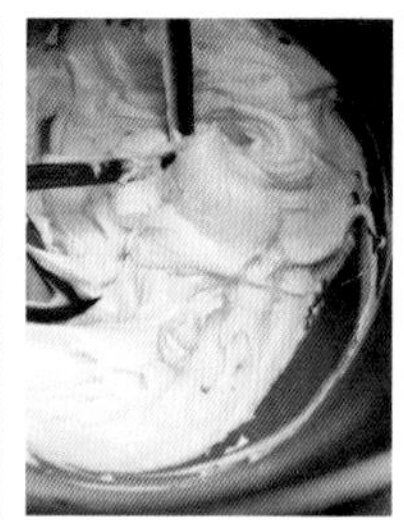

製作混拌奶油和砂糖的麵團（砂糖奶油法）時，需於事前將奶油在室溫下放至柔軟。想要使其更快速軟化時，也可以利用微波爐中的解凍模式加熱，但絕不可加熱融化成液態狀。至呈現左方照片般的乳霜狀時，再添加砂糖，充分混拌至顏色發白呈膨鬆狀態。

先混拌奶油和粉類的麵團（麵粉奶油法）時，奶油切成塊狀，預先放置於冷凍使其充分冷卻。利用其堅硬且冰涼的狀態，與粉類一起放入食物調理機（food processor）中攪打至呈粉碎鬆散狀態，使奶油能均勻遍布於其中。必須注意避免因機械熱能而融化，同時爲避免溫度升高地也要充分地冷卻粉類後再使用。

鹽、辛香料

食鹽使用的是美味的鹽之花（Fleur de sel）。
鹽和辛香料都要碾磨成細末後使用。

在本書當中，使用的是稱爲「鹽之花Fleur de sel」的法國布列塔尼所產的海鹽。原因是鹽分當中含有的甘甜及美味成分，風味也更深層悠遠。只是因其粒子較粗，不易混拌於麵團中，因此儘可能地碾磨成細末後再使用。也可以使用鹽之花（Fleur de sel）以外個人喜好之種類。

辛香料或乾燥香草，混拌於麵團時也要先碾磨成細末後再使用。因不易融入麵團之中，所以應在稍早的階段中先行加入，使風味能均勻遍布於麵團，以防止不均勻。

砂糖

配合餅乾來區隔使用的砂糖種類。
用於蛋白霜時，海藻糖（Trehalose）不可或缺。

用於餅乾製作時，主要使用的是細砂糖和糖粉，但和風餅乾的章節中，搭配餅乾的風味，也使用了和三盆糖、紅糖、黑糖。例如，黃豆粉餅乾（p.80），黃豆粉就適合搭配甜味溫和的紅糖；抹茶奶油酥餅（p.68）或芝麻風味的酥鬆餅乾（p.74），就是以濃郁的和三盆糖作爲主要材料來區分使用。

海藻糖一旦溶化不完全，在食用時會有粗糙顆粒口感。與果泥等一起加熱使其完全溶化是非常重要的關鍵。

海藻糖是Atelier UKAI蛋白霜製作時不可或缺的甜味來源。利用確實打發蛋白製作蛋白霜時，雖然砂糖的作用不可欠缺，但僅使用細砂糖會使甜度過於強烈，對想要添加至蛋白霜中的水果或蔬菜等風味造成干擾。利用「甜度口感僅有細砂糖四成」的海藻糖來替換大部分的細砂糖，藉以抑制蛋白霜的甜度，更能烘托出主要食材的風味。

乾燥蛋白粉

乾燥蛋白粉用於水果風味的蛋白霜製作。
可以作出氣泡安定、口感輕盈的成品。

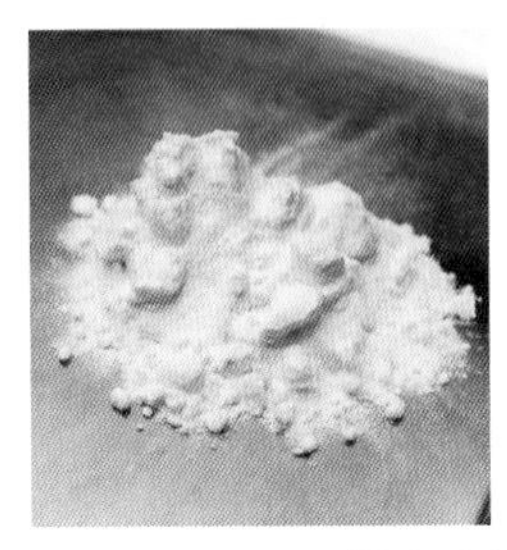

乾燥蛋白粉也是製作蛋白霜時不可或缺的材料。在呈現水果等主要食材的風味時，以水果果泥取代水分，將乾燥蛋白粉還原成液態狀，也就是製作草莓風味的蛋白霜時，利用草莓果泥來還原乾燥蛋白粉，以「草莓風味的蛋白」來進行製作就是重點訣竅。用乾燥蛋白粉製作的蛋白霜，因氣泡安定力較強，因此口感也會更加輕盈。另外，乾燥蛋白粉因容易結塊，不太容易溶化，因此在打發蛋白霜之前必須先用調理攪拌棒（Stick Mixer）確實將蛋白溶於液體中。本書中的乾燥蛋白粉，使用高氣泡性的「albúmina白蛋白」。

乾燥蛋白粉因容易結塊，因此必須用調理攪拌棒充分混拌至呈滑順狀態。

粉類和膨脹劑

因應所追求的口感，搭配組合複數的粉類與膨脹劑來使用。
混合後過篩，能讓粒子更均勻。

粉類全部都是在使用前才進行過篩。低筋麵粉、玉米粉、杏仁粉、膨脹劑（泡打粉或小蘇打粉）等，一次使用多種粉類時，因其各別的顆粒大小不同，所以要放入缽盆中以攪拌器全體均勻混拌後再進行過篩，或是過篩兩次以均勻其粒子。另外，糖粉或和三盆糖也會遇有結塊的時候，一樣要先行過篩再使用。

粉類過篩前先放入缽盆中混拌均勻。特別是膨脹劑，先使其均勻遍布所有材料中是重點。

粉類若沒有先行混拌，則過篩兩次。

以砂粒般入口即化的楓糖餅乾（p.18）爲首，本書中有幾個是併用低筋麵粉和玉米粉的食譜配方。這是藉著將部分的低筋麵粉替換成玉米粉，來抑制形成麵筋，目的是使餅乾入口時，形成酥鬆融化的口感。

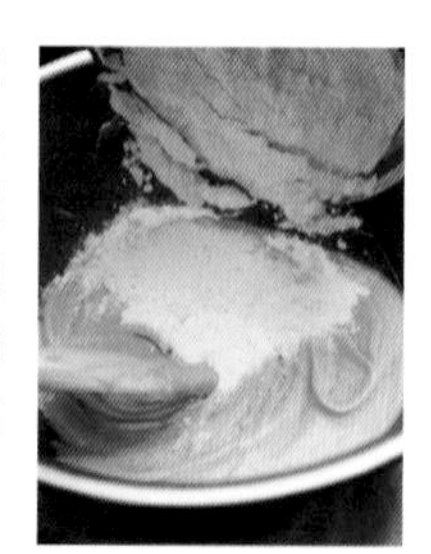

餅乾中使用泡打粉，是爲了形成膨鬆輕盈、入口即化的口感。另一方面，小蘇打粉所帶來的是酥脆的感覺。當這些同時使用，會形成獨特的潤澤酥脆口感，因此書中會出現幾次這樣的配方。此外，泡打粉使用的是不含鋁的製品。

自製的堅果糖粉

堅果糖粉是等量的堅果和砂糖混合碾磨而成，剛製作完成時的風味絕佳。
只製作需要的分量，爲了能凸顯堅果的風味，略略留下少許粒狀香氣更好。

核桃的堅果糖粉

1 帶皮的桃核放入140℃的烤箱中烘烤約15分鐘。因表皮會產生苦味，所以必須避免過度烘烤。

2 與細砂糖粗略混合後，放入食物調理機內攪打成粉末狀。因核桃容易滲出油脂，因此沒有必要攪打得過細。

混拌

麵團「漂亮地完成混拌」是基本。
要仔細地將沾黏在缽盆及刮杓上的麵團刮落一起混拌。

本書中的餅乾，無論哪一種麵團，仔細、漂亮地完成混拌都是基本。添加了雞蛋或鮮奶油等含較多水分的麵團，因爲容易分離，所以每次添加材料的同時，都要充分混拌，保持水分與奶油的油脂成分相結合狀態地製作麵團。像鹹脆餅般粉類比例較高的麵團，也必須要混拌至粉類完全消失爲止，特別是大量製作時，更要避免結塊不均地仔細混拌。

爲避免產生混拌時的不均勻塊狀，因此必須隨時刮落沾黏在缽盆周圍，以及槳狀攪拌棒上的麵團一同混拌。用刮杓從缽盆底部翻起般地使麵團均勻。

● 不同麵團　混拌方法的重點

粉類較多的麵團

粉類比例較高的麵團，雖然也有說法：在混拌時「多少殘留粉類也沒關係」，但本書中基本上是要混拌至粉類完全消失爲止。

水分較多的麵團

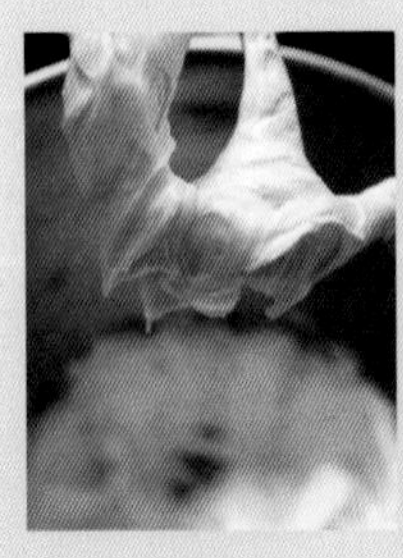

水分較多的麵團，在加入粉類之前，使油脂和水分確實乳化是最重要的作業。在此一旦產生分離，粉類會直接與水分結合，形成硬脆口感。若完成的是平順光滑的麵團，就會有輕盈的口感。

添加了辛香料或培根的麵團

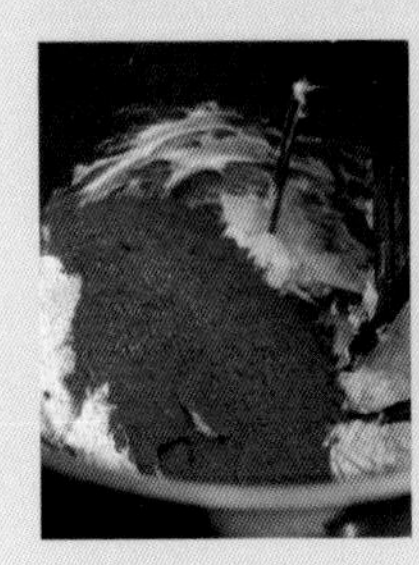

香料咖哩奶油酥餅(p.96)的混合辛香料，或培根洋芋奶油酥餅(p.102)的培根等，會成爲主要風味核心的食材，都必須在低筋麵粉等粉類加入前，先與其他材料混拌，使其確實遍布於全部材料中。若與粉類同時加入，待混拌至均勻，可能會有過度混拌產生麵筋之虞。

整型

手粉使用的是高筋麵粉。
在此介紹使餅乾大小均一的工夫。

手粉是適量地使用高筋麵粉。擀壓麵團或是脫模時，撒上手粉可以避免麵團沾黏在工作檯或模型上。另外，紅蘿蔔或毛豆的鹹脆餅（p.104）原本就是粉類較多的麵團，不想再增加粉類時，可以如右側照片般不使用手粉，將麵團夾在烤盤紙中擀壓。

絞擠麵團整型時，可以將烤盤紙舖放在畫有標準大小的紙張上，如此就容易能絞擠出均勻的大小及形狀。也可以用蘸了手粉的模型按壓在烤盤上做記號，再直接絞擠於烤盤上也OK。

烘烤

爲能提引出麵團的風味，
以略低的溫度均勻地完成烘烤。

本書使用的是旋風式烤箱。無論哪一種餅乾都是在氣閥打開的狀態下烘烤。若是用無旋風式功能的平面烤箱或家用烤箱烘烤時，請將設定溫度調高10～20℃。

〔蛋白霜的烘烤（無法設定80℃的烤箱時）〕以100℃烤箱烘烤1小時後，爲避免蛋白霜呈色地覆蓋上烤盤紙，再繼續烘烤至乾燥爲止。

有人喜歡餅乾烘烤到焦香脆口，也有人喜歡烘烤得顏色略白...餅乾的烘烤程度視個人喜好而定。Atelier UKAI的餅乾，堅守的原則是烤至中央熟透又不過度烘焙。爲避免呈現過多的烤色，因而以低溫確實烘烤均勻的概念。沒有烘烤到過熟的程度，有意識地提引出奶油中的奶香、香草的氣味、辛香料的風味等…食材本身的滋味。

爲避免烘烤不均，無論是烘烤何種餅乾，都要在烘烤過程中替換烤盤的位置。

以添加了圓滾滾帶皮杏仁果的餅乾（p.20）爲例，周圍與中間相同地略呈微微金黃色澤，是最理想之成品。香氣不會在前面呈現，但能同時表現出兩種杏仁果的甘甜及風味。

保存

爲了能品嚐到剛出爐的美味，僅烘烤所需的量。
冷凍保存烘烤前的麵團，是最推薦的保存方法。

提到烘烤糕點，餅乾最重要的就是新鮮。一旦放置，剛出爐時的風味和口感也會隨之流失。最理想的狀態是僅烘烤近幾天的食用量。即使是Atelier UKAI，也是儘可能仔細頻繁地少量備料，以調整成店內經常能有剛出爐的餅乾上架。另外，若麵團製作較多時，可將烘烤前的麵團放入塑膠袋等密封袋內冷凍，每次僅烘烤食用分量最理想。烘烤完成的餅乾，可連同乾燥劑一起放入密閉容器內保存，儘可能及早食用完畢。

● 冷凍烘烤前的麵團

與其保存烘烤完成的餅乾，不如像照片般地以麵團狀態加以冷凍保存，每次取出食用分量加以整型烘烤，更能享受到美味。

將整型好的麵團冷凍保存也是推薦的方法。製作完成的麵團經過整型後，立即食用的部分放入烤箱中烘烤，其餘則連同烤盤一起放入冷凍室使其冷凍、凝固。成爲冷凍狀態後形狀不易損壞，可以移至保存袋等不占空間地包妥保存。食用時，以冷凍狀態排放在烤盤上，待其自然解凍後再放入烤箱即可。如此一來，即使麵團製作過多，也不用擔心了。

經典餅乾

「Atelier UKAI」的經典餅乾。重視法國和德國傳統餅乾製作方法的同時，也追求輕盈口感、入口即化、方便食用的大小。爽口、香脆、酥鬆；用切模製作、用手絞擠、塗抹果醬…充滿著餅乾的樂趣及多樣的風貌。

如砂粒般入口即化的
楓糖餅乾

楓糖風味帶中隱約帶著鹹味。
宛如和三盆般溶化於口中的令人驚豔之口感。

☞ p18

添加了圓滾滾
帶皮杏仁果的餅乾

使用了馬爾科納（Marcona）和瓦倫西亞（Valencia）
二種帶皮杏仁果。可以品嚐到硬脆、粒粒分明的美味。

☞ p20

維也納風格的
花型覆盆子果醬夾心餅乾

花型麵團鬆脆柔軟、帶著香草的香氣。
與酸甜的覆盆子果醬無與倫比的搭配。

☞ p23

澆淋紅莓果醬的
肉桂餅乾

肉桂餅乾上覆蓋了紅莓果醬及紅酒的糖衣。
是來自溫熱紅酒構想的成熟風味。

☞ p26

澆淋芝麻焦糖
與杏仁焦糖的餅乾

帶著大溪地產香草莢香氣的焦糖中，添加香脆堅果，
一口大小的法式佛羅倫提焦糖餅（Florentins）。

☞ p30

香酥芝麻的
卡蕾特餅乾

用黑芝麻與白芝麻的堅果糖粉，製作香氣豐富的
卡蕾特餅乾。可以品嚐到略帶鹹味的典雅風味。

☞ p34

裹滿香草糖的
新月餅乾

是大家都很熟悉的香草新月餅乾（Kipferl）。
麵團也裹滿了充滿香草香氣的細砂糖。

☞ p36

優格與草莓的
酥鬆餅乾

不使用雞蛋的麵團當中，混拌了優格和草莓粉。
酥鬆的口感令人印象深刻。

☞ p38

鑲填百香果果醬的
巧克力餅乾

濃郁的巧克力餅乾與酸爽的百香果果醬，
充滿成熟風味的組合。

☞ p40

搭配檸檬果醬的
貝殼型紅茶餅乾

由檸檬紅茶得到餅乾與果醬組合的靈感。
餅乾雖小但卻風味十足。

☞ p44

填入占度亞巧克力開心果醬的
餅乾卷

輕薄的卡蕾特餅乾中，
填滿了開心果及巧克力的濃郁奶油餡。

☞ p46

占度亞巧克力
核桃醬夾心的餅乾

餅乾及內餡都使用了大量核桃。
香甜濃郁瞬間在口中擴散。

☞ p50

添加白蘭地葡萄乾的
義式脆餅

葡萄乾浸漬了白蘭地的香氣、
用蛋糕麵糊製作的雅緻手指餅乾。

☞ p52

椰香
麻花派卷

充滿著粗粒椰子粉的派皮麵團扭捲二次後放入烤箱。
香味豐郁的千層酥（sacristains）。

☞ p54

薑香榛果
蛋白餅

切碎的榛果口感和生薑的香氣，令人印象深刻。
是蛋白餅版本的薑汁餅乾。

☞ p56

草莓蛋白餅
青蘋果薄荷蛋白餅

乾燥蛋白粉和水果果泥，製作出果香十足的蛋白餅。
大家可以嘗試絞擠成自己喜歡的形狀。

☞ p58

如砂粒般入口即化的
楓糖餅乾

入口瞬間就刷～地溶於口中，彷彿和三盆糖般的餅乾。
無論是誰都會喜歡的奶油和楓糖口味，
鹽之花的鹹味讓風味更深刻。
只要用刮杓混拌材料，最建議初學者製作的餅乾。

◉ 材 料 ［40個］

〈餅乾麵糊〉
奶油…200g
楓糖粉（細粒）…75g
鹽之花（磨細使用）…2.5g
蛋黃…25g
低筋麵粉…100g
玉米粉…65g

楓糖粉…適量

＊除了迷你花式點心模之外，也以容易操作的矽膠烤模爲例加以介紹。使用手邊現有、個人喜好的模型也OK。

◉ 製作方法

1

將室溫下放至柔軟的奶油放入缽盆，用刮杓混拌成美乃滋狀。

＊爲避免將空氣拌入，刮杓必須斜向以摩擦般地進行混拌。

2

楓糖和鹽之花混合後加入，同樣以摩擦般混拌。

3

待混拌至呈滑順狀態，加入蛋黃，避免產生混拌不均地仔細混拌。

4

加入預先混合過篩的低筋麵粉和玉米粉，仔細地拌勻。

＊隨時刮落沾黏在缽盆或刮杓上的麵糊混入拌勻。低筋麵粉一旦減少約15%，就會產生在舌間瞬間溶化的口感。

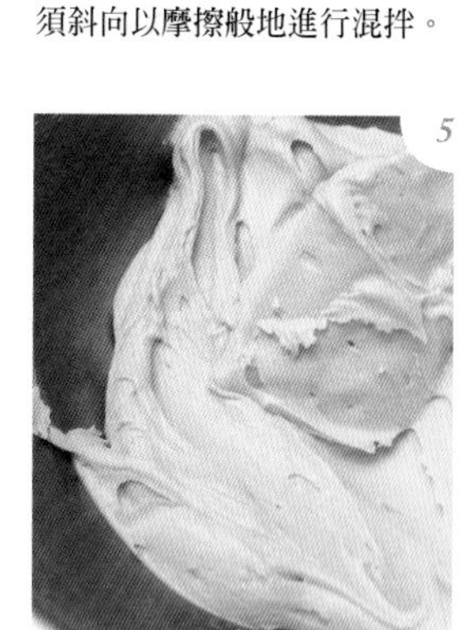

5

混拌至粉類完全消失，出現光澤爲止。

＊因低筋麵粉的比例較少，所以混拌不足時麵筋組織較脆弱，就無法烘烤出漂亮的形狀。所以確實混拌是非常重要的作業。

6

麵糊較爲柔軟無法成型，因此必須絞擠至模型中。在內側噴灑了油脂的模型中，由低的位置開始絞擠。

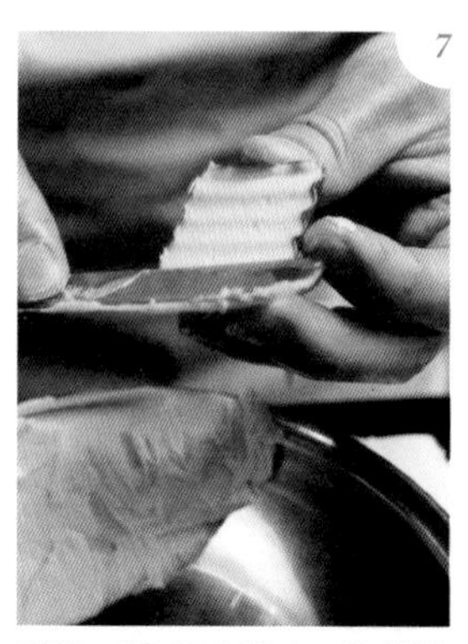

7

用抹刀將表面刮平，沿著模型邊緣刮除多餘的麵糊。靜置於冷藏1小時以上。

8

使用矽膠烤模時，約絞擠至8分滿，在工作檯上輕輕敲以平整表面。靜置於冷藏1小時以上。

＊照片是口徑3.5cm的半球形pomponette模。可擠出55個。

9

以150℃的烤箱約烘焙24分鐘。等冷卻至人體肌膚的溫度時，用茶葉濾網均勻地篩撒上楓糖粉。待完全冷卻後再輕輕取出餅乾。

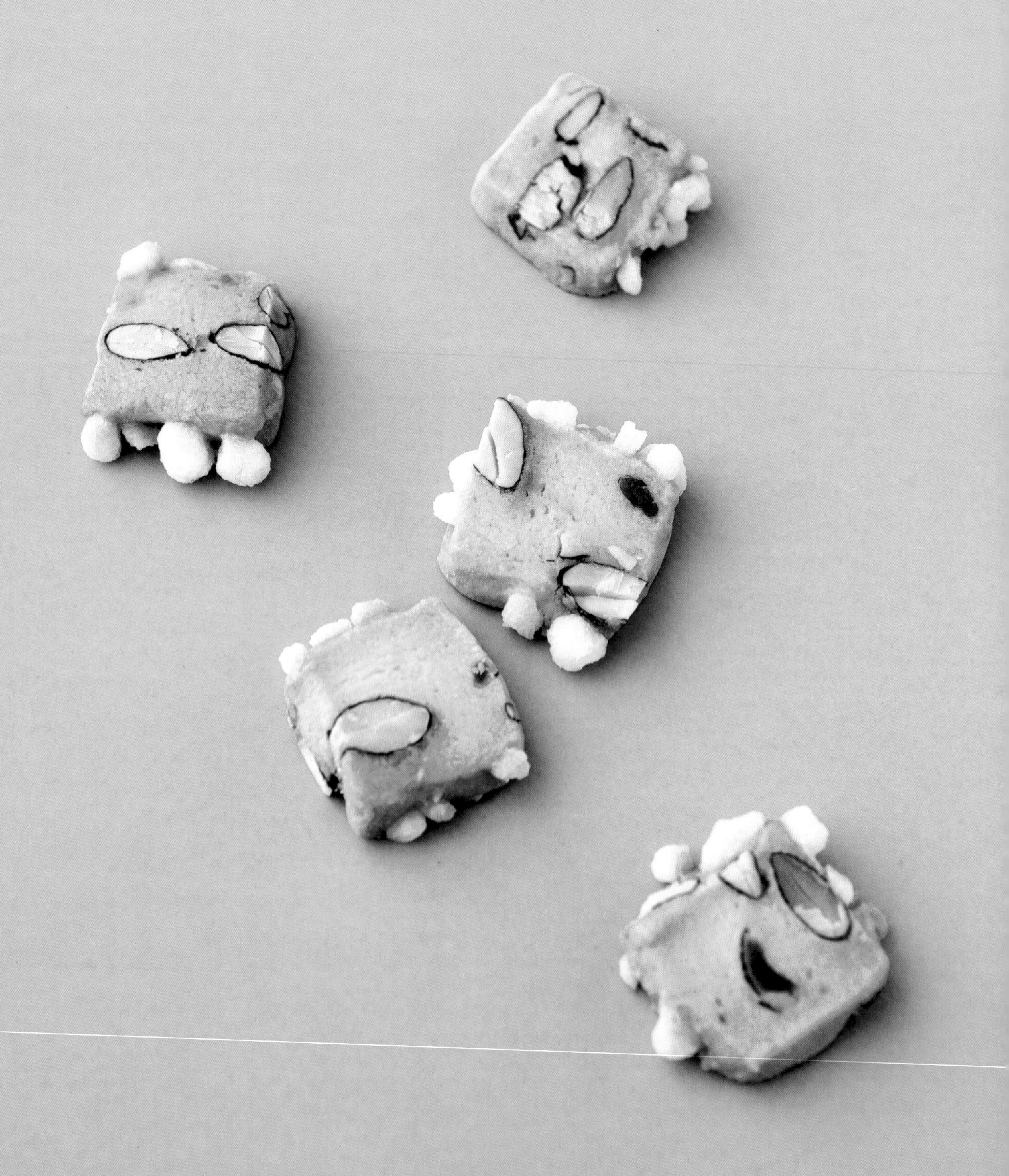

添加了圓滾滾
帶皮杏仁果的餅乾

表面粗糙帶皮杏仁果咔嗞的嚼感，正是這款餅乾的美味之處。
香氣十足的瓦倫西亞杏仁果，與甜味強烈的馬爾科納杏仁果，
奢華地使用了兩款杏仁果不容忽視的風味。珍珠糖的香氣及口感更添特色。

◉ 材 料 〔200個〕

〈餅乾麵團〉
低筋麵粉…415g
奶油…250g
糖粉…165g
鹽之花（磨細使用）…1g
全蛋…85g
香草精…數滴
帶皮杏仁果（瓦倫西亞品種）…82g
帶皮杏仁果（馬爾科納品種）…82g

珍珠糖（あられ糖）…適量

＊切成1.5cm塊狀的奶油放置於冷凍室，低筋麵粉、全蛋則於冷藏室內冷卻備用。

右邊顆粒較小，飽滿的是西班牙產的馬爾科納品種，左邊是瓦倫亞西品種的杏仁果。馬爾科納品種有較強的甜味和柔和的風味，瓦倫西亞種的特徵則是帶有杏仁本身的微苦風味。搭配使用，可以恰到好處的平衡兩種的特色。

◉ 製作方法

1 冰涼的低筋麵粉和奶油，以食物調理機（cutter）攪打成鬆散的細碎狀。

＊為避免奶油融化，器具也應事前冷卻備用。

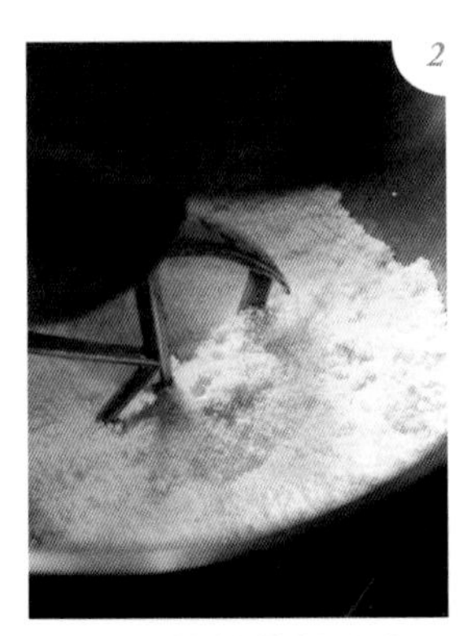

2 將*1*移至攪拌機缽盆中，加入糖粉和鹽之花，以槳狀攪拌棒混合拌勻。

＊攪拌機缽盆和槳狀攪拌棒也要冷卻後使用。

3 加入打散的全蛋、香草精，一起混拌。少量逐次地加入*2*當中。

4 仍稍有殘留粉類時，刮落沾黏在缽盆周圍及槳狀攪拌棒上的麵團。再繼續混拌。

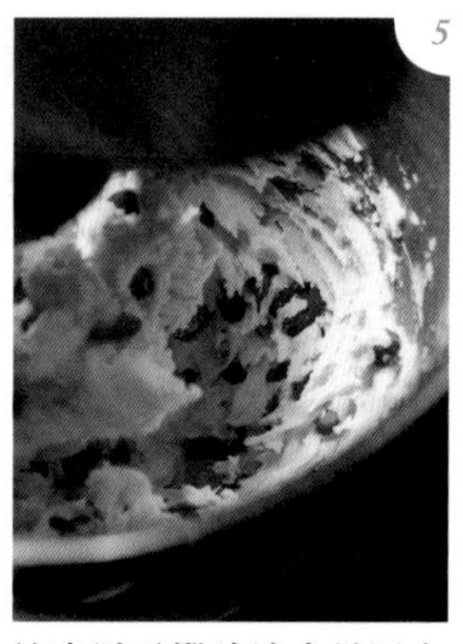

注意避免攪碎地少量逐次加入二種帶皮杏仁果。作業過程中，將麵團由底部翻起混拌，使杏仁果可以均勻遍布於麵團中。

用塑膠袋包覆麵團，以擀麵棍擀壓成寬20cm×厚2cm的正方形。靜置冷藏一晚。

取出切下兩端的麵團調整形狀，再分切成2.2cm寬幅。

*沒有立刻烘烤的部分則保存於冷凍室。切落的兩端麵團可以待下次製作時，適度地切小後，再混入麵團中。

表面刷塗上薄薄的蛋白（用量外）。撒上珍珠糖，由上輕輕按壓至麵團中。翻面同樣地刷塗蛋白並按壓上珍珠糖。

將麵團轉動90度地改變方向，再切成8mm寬。若麵團過軟不易分切時，可以再放入冷藏中，待變硬再分切。

一塊塊分開地排放在烤盤上。用140℃的烤箱烘烤約30分鐘。

雖然要使麵團中央都能確實受熱，但爲呈現杏仁果本身的風味，也要避免過度烘烤。

變化組合

在Atelier UKAI，也製作添加了紅豆、甜豌豆或松子的成品（→p.72）或是「添加日式栗子及南瓜籽」、「添加腰果及巧克力」等等的種類。此外，想要增添麵團本身的風味，重點的材料不是與粉類混拌，而是加入雞蛋中混拌。例如，想要製作咖啡風味時，即溶咖啡粉要先與雞蛋混合後，再加入麵團當中。

紅豆、甜豌豆與松子的鬆脆餅乾

維也納風格的
花型覆盆子果醬夾心餅乾

白色的糖粉對比紅色的果醬，薄薄烘焙兩片疊起、入口即化…
眞是細緻地無可言喻的餅乾。
不存在於現實中，六片花瓣的形狀，展現了獨特的造型。

◉ 材 料 [130個]

〈餅乾麵團〉
奶油…250g
糖粉…100g
香草莢(馬達加斯加產)* …1/2支
鹽之花(磨細使用)…2.5g
蛋黃…50g
低筋麵粉…315g

覆盆子果醬(p.121)…400g
糖粉… 適量

＊香草莢取出種子，與糖粉混合備用。

◉ 製作方法

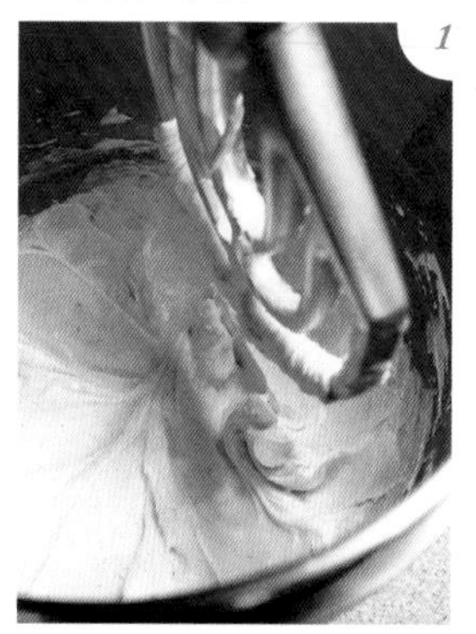

1 製作麵團。奶油、混合香草莢的糖粉和香草籽、鹽之花，一起放入攪拌缽中，以槳狀攪拌棒攪打至顏色發白、體積膨鬆爲止。

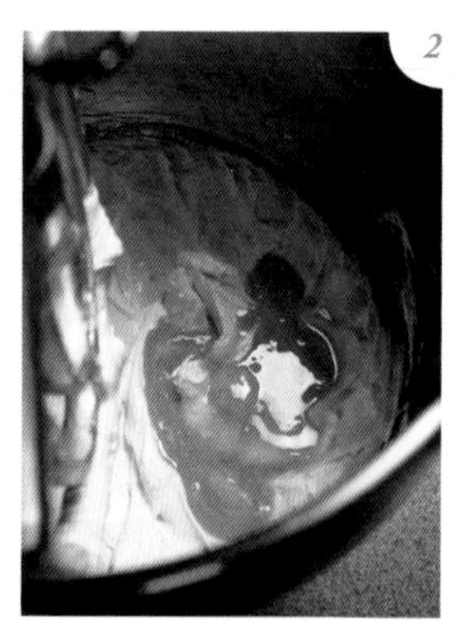

2 打散蛋黃加入*1*當中，混拌。

3 加入所有的低筋麵粉，以低速混拌。確實混拌攪打至麵團產生連結感。

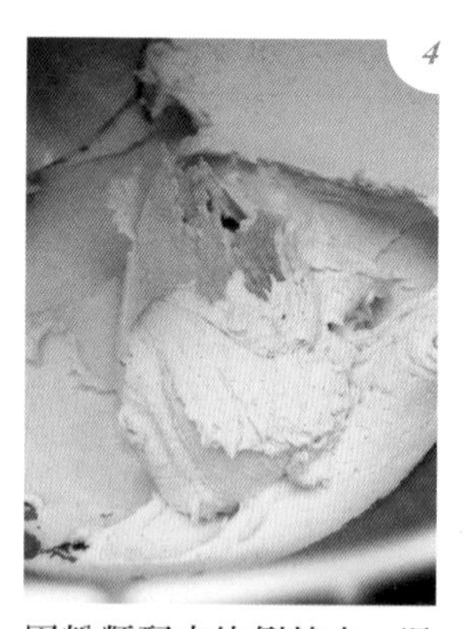

4 因粉類配方比例較少，混拌完成時麵團會是軟黏狀態。爲方便作業的進行，可先置於室溫中約15分鐘，分爲二份包好，再放入冷藏靜置一夜。

5 在麵團表面撒放手粉，一邊轉動改變方向一邊將麵團擀壓成2.5mm的厚度。於冷藏中靜置1小時。

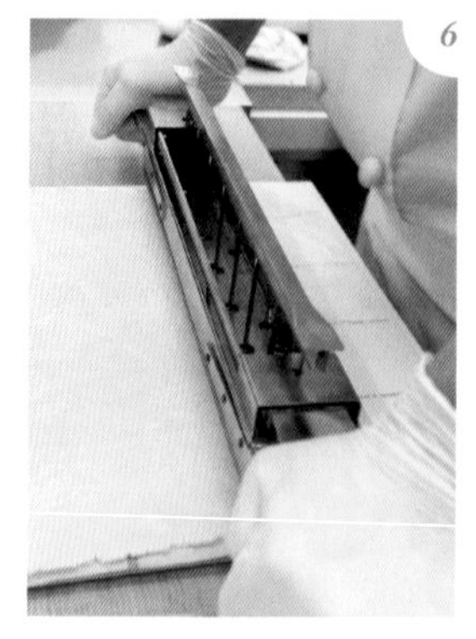

6 在壓模中撒上手粉，以花型切模按壓出形狀。按壓出形狀後剩餘的麵團再次整合，擀壓成相同厚度，再次整型按壓切出形狀。

＊花的大小爲直徑4cm。

7 排在舖有烤盤紙的烤盤上。

＊作業當中爲避免麵團變得過度柔軟，必要時可於烤盤下墊放冰塊。

8 並排在烤盤上的一半麵團，中央部分再以直徑1.3cm的花型切模按壓成中空狀。另一半麵團不用切。

＊切模蘸上手粉。相較於使用圓形切模，採用花型切模會更細緻、成熟的呈現。

以140℃的烤箱烘烤約24分鐘。

＊爲能烘托出香草的香氣，以及呈現鬆脆輕盈的口感，必須避免過度呈現烤色。

將中空的餅乾放置在網架上，篩撒上糖粉。

＊放置在網架上，是爲了防止糖粉堆積在花瓣切紋處。

加熱覆盆子果醬，熬煮至方便絞擠且能凝固的硬度。

翻轉中央未切形狀的餅乾，使底部朝上，趁*11*尚有熱度時絞擠於中央處。

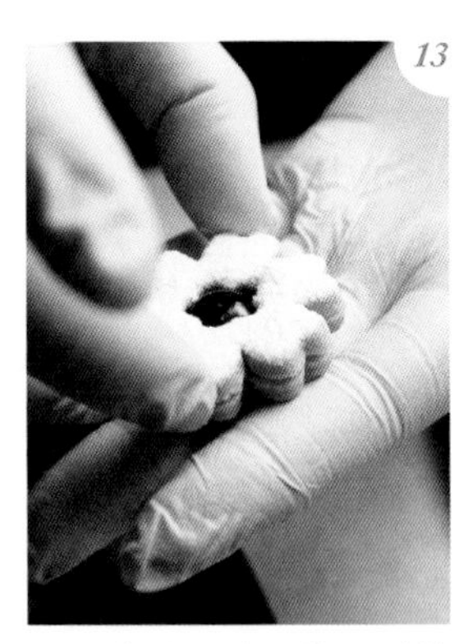

待果醬稍稍冷卻後，覆蓋上*10*的中空餅乾，做成夾心狀。

＊若在果醬仍高溫時疊放，會導致糖粉溶化。反之，若已凝固時也無法形成漂亮的夾心，因此請迅速地進行。

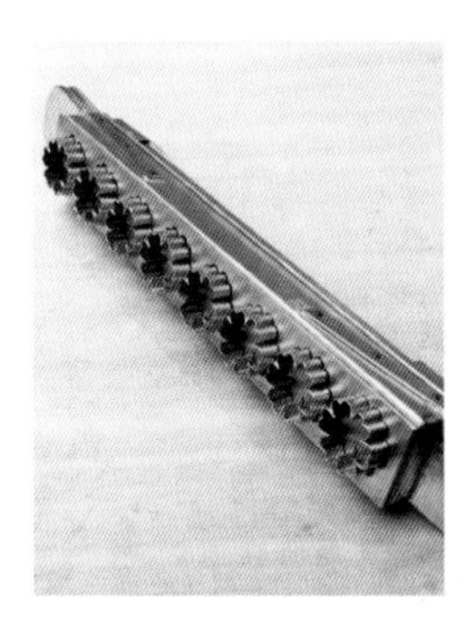

這款餅乾所使用的花型切模，是黃銅製的獨創品。花朵的大小是4cm，一次可以按切八片餅乾。原本是餐廳「UKAI亭」用來製作花式小蛋糕的工具，市面上販售的花瓣切模是五片花瓣居多，但藉著這樣的六片花瓣，更能烘托出餅乾纖細雅緻的感覺。

澆淋紅莓果醬的
肉桂餅乾

以熱紅酒（vin chaud）為構想，帶有肉桂香氣的餅乾搭配使用了月桂葉、丁香、
黑胡椒的紅莓果醬，與塗抹帶有紅酒風味的覆面糖衣（glace a l'eau），
是一款令人印象深刻的餅乾。請大家務必試試它的美味。

◉ 材 料 ［60個］

〈餅乾麵團〉
奶油…250g
細砂糖…135g
鹽之花（磨細使用）…1.5g
全蛋…35g
低筋麵粉…330g
泡打粉…3g
肉桂粉…25g
玉米粉…35g

紅莓果醬（→p.121）…400g
紅酒覆面糖衣（→p.127）…130g

肉桂粉，選擇的是錫蘭肉桂中，香氣最甘甜、新鮮、風味強烈的種類。

◉ 製作方法

低筋麵粉、泡打粉、肉桂粉、玉米粉等，用攪拌器混拌後再過篩。

＊爲了使膨脹劑、肉桂粉能均勻遍布，請先混合後再過篩。

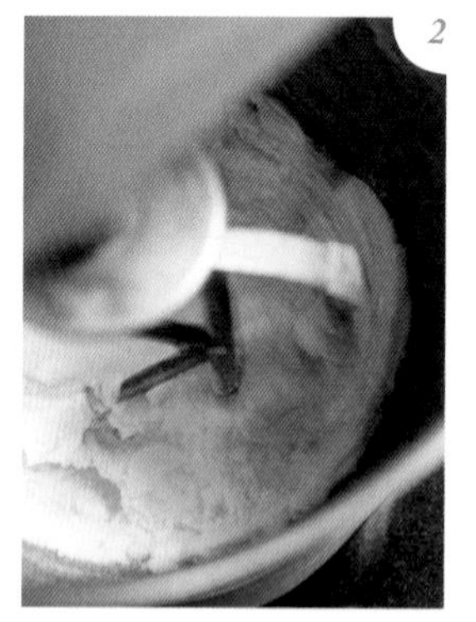

用槳狀攪拌棒將奶油打散攪打至柔軟。加入細砂糖、鹽之花，攪拌至顏色發白爲止。

全蛋打散後，少量逐次地加入*2*當中混拌。

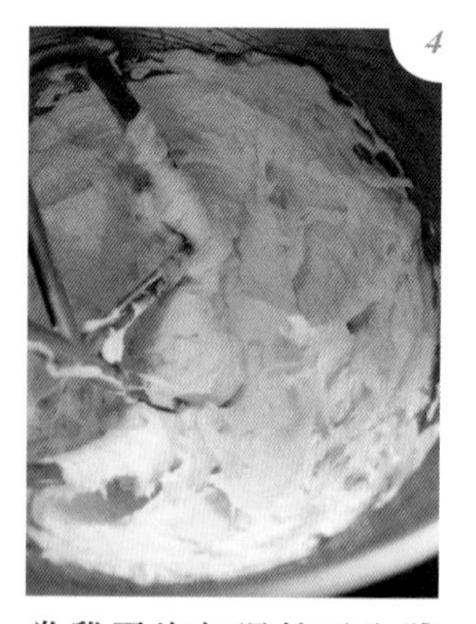

當雞蛋均勻混拌至全體後，刮落槳狀攪拌棒，以及沾黏在缽盆上的麵團。再略加混拌。

一口氣加入*1*的材料，混拌至粉類完全消失爲止。

完成麵團製作。用塑膠袋等密封並靜置於冷藏一夜。

麵團撒上手粉（用量外），以擀麵棍輕敲使其柔軟後，再擀壓成4mm厚。靜置於冷藏約1小時以上。

以直徑3.6cm的可麗露模按切出形狀。照片是將擀薄的麵團放在模型表面，再以擀麵棍擀壓切下。

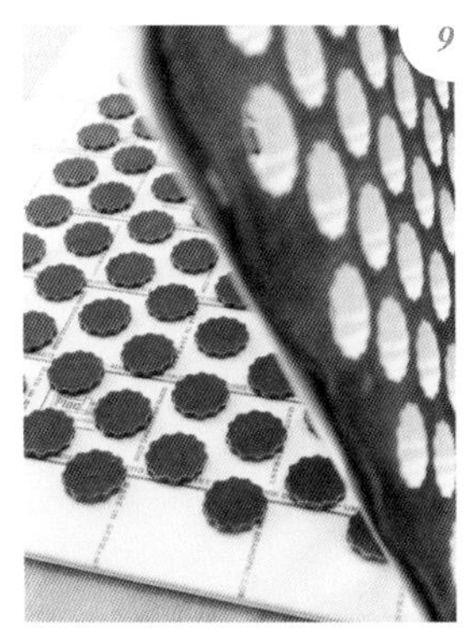

切下的麵團放入冷藏稍稍靜置。

＊其餘的麵團，可以直接整合成團放入冷凍保存，與下次製作的麵團一起混拌使用。

將麵團排放在烤盤上，以150℃的烤箱烘烤25～30分鐘。降溫放涼。

將紅莓果醬熬煮至方便刷塗的濃度。

＊滴下少量果醬待其冷卻，呈現柔軟固態的濃稠度。也可以添加馬德拉酒（Madeira）。

用毛刷將果醬厚厚地刷塗在餅乾表面。

放置於網架上，使表面果醬乾燥。

＊表面尚未乾燥就刷塗覆面糖衣，糖衣會滲入果醬中，因此必須使其確實乾燥。

用刮杓確實混拌紅酒覆面糖衣，使其呈現均勻狀態。

將覆面糖衣如覆蓋般，薄薄刷塗在13的表面。

立刻放入100℃的烤箱3～4分鐘，使其產生光澤。

＊若刷塗後直接放著，覆面糖衣的水分會移轉至果醬上，滲入餅乾中，所以必須迅速地用烤箱烘乾。

澆淋芝麻焦糖
與杏仁焦糖的餅乾

能夠完全享受到芝麻及杏仁風味的法式佛羅倫提焦糖餅(Florentins)。
焦糖中使用了香氣豐富的大溪地產香草莢，
與下方奶油酥餅在烘烤後散發的堅果馨香，形成絕妙好滋味。
令人聯想到淺草「雷 Okoshi」(米花糖)恰到好處的口感，一口的大小也是特色。

澆淋芝麻焦糖的餅乾

併用黑芝麻與金色芝麻，
強調芝麻的香氣及甘甜。

材料［90個］

〈餅乾麵團〉（以下使用半量製作*）
奶油…500g
糖粉…300g
蛋黃…160g
低筋麵粉…1kg

〈芝麻的內餡〉
蜂蜜…80g
細砂糖…160g
奶油…120g
鮮奶油…200g
香草莢（大溪地產）…2根
黑芝麻…155g
黃金芝麻…155g

*其餘用於p.32「澆淋杏仁焦糖的餅乾」。

製作方法

依照p.24「維也納風格的花型餅乾」*1*～*4*的要領，製作麵團（不添加鹽、香草莢）。冷藏靜置一夜。

*爲烘托焦糖的風味，所以採用配方單純的麵團。

分切出一半後，撒上手粉（用量外），擀壓成3mm的厚度。排放在烤盤上，全體表面確實刺出孔洞。

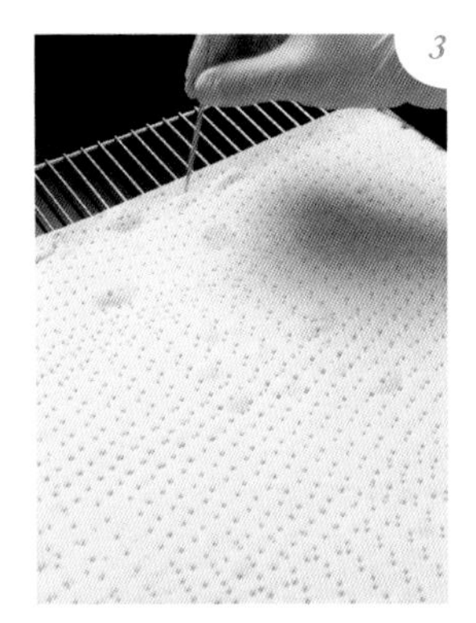

以160℃的烤箱烘烤。15分鐘後取出確認，麵團有浮起之處則以竹籤戳刺排出氣體。

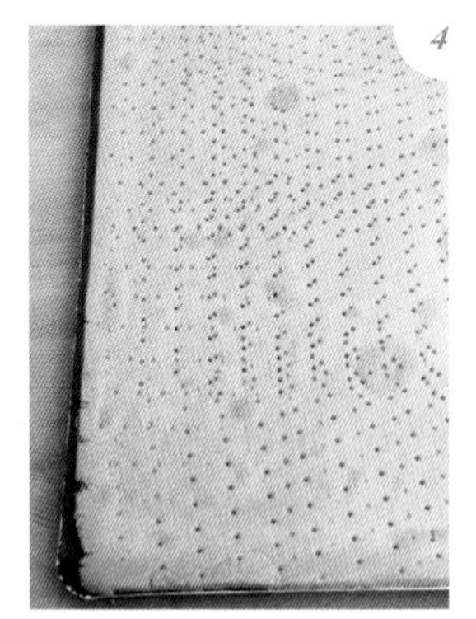

放回烤箱，繼續烘烤約15分鐘。

在烘烤麵團時，製作芝麻的內餡。將黑芝麻和金色芝麻攤放在烤盤上，以上火190℃、下火150℃的烤箱烘烤約5分鐘。

*混拌幾次使其能均勻烘烤。

在鍋中放入蜂蜜、細砂糖、奶油、鮮奶油、香草莢及香草籽加熱，邊以刮杓混拌邊用中火熬煮。

量測溫度，至114℃時離火，取出香草莢，加入*5*的芝麻混合拌勻。

*雖然是和風感十足的芝麻，但因添加了香草而圓融了全部的風味。

趁熱將焦糖澆淋在餅乾表面，用蛋糕抹刀將其推展至全體表面。

*因烘烤時焦糖會融化攤開，因此推展時餅乾邊緣預留一點距離。

9 以上火190℃、下火150℃的烤箱烘烤約18分鐘。待焦糖的水分揮發後，表面產生凹凸不平整時，即可取出。

10 待表面焦糖降溫至可用手觸摸的溫度時，翻面脫離烤盤。

11 趁熱分切奶油酥餅的部分。先量出長3.8cm、寬2.5cm並劃出記號，餅乾體的部分以鋸齒麵包刀分切。

＊若想要一次就切開，會使得焦糖沾黏在餅乾上。

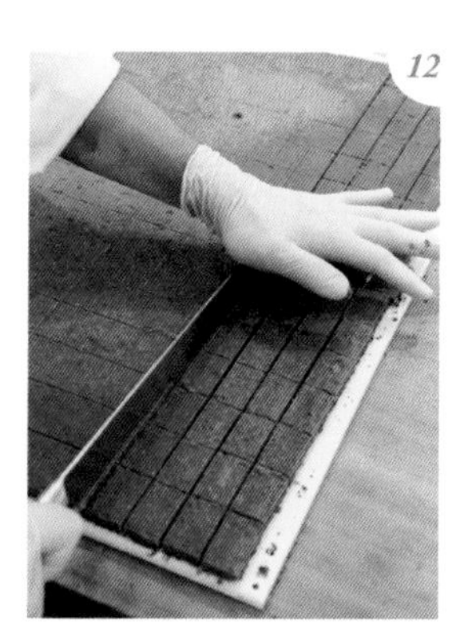

12 再改以長刀刃的切刀，由上方切下焦糖的部分。將餅乾放至降溫。

澆淋杏仁焦糖的餅乾

焦糖香草的風味和杏仁果的香氣，
與餅乾麵團產生了美味的共鳴。

◉ 材料［90個］

〈餅乾麵團〉（→p.31）…約1kg

〈杏仁的內餡〉
蜂蜜…100g
細砂糖…195g
奶油…145g
鮮奶油…240g
香草莢（大溪地產）…2又1/2根
杏仁片…375g

◉ 製作方法

1) 餅乾麵團依照p.31「澆淋芝麻焦糖的餅乾」1～4的步驟擀壓、烘烤。
2) 杏仁的內餡依照5～7的步驟製作。蜂蜜、細砂糖、奶油、鮮奶油、香草莢和香草籽加熱至114℃，製作成焦糖，加入烘烤過的杏仁片混拌。
3) 將2的焦糖倒至1上推展開，與9相同地放入烤箱中烘烤。再同樣的分爲兩次下刀，將餅乾分切成每個2.5×3.8cm的大小。

column

更自由地製作餅乾

當我敲開糕點製作之門，正是冰箱餅乾（Icebox Cookies）的全盛期。當時認爲餅乾都呈方塊狀是理所當然的事，之後在德國、維也納、法國等地所見到的餅乾，無論哪一種都充滿了個性特色。有各式各樣的形狀與口感，塗抹了果醬、包覆了巧克力…等，展現了豐富的面貌，充滿了無限自由的發揮。當時在心中就開始萌生，總有一天一定要製作如此充滿生氣、帶著溫馨感餅乾的想法。

目前的餅乾種類，源自於提供給餐廳「UKAI亭」的花式小糕點，參考了顧客、服務人員以及專業廚師們的意見，經過不斷的嘗試改進才逐漸成爲現在的成品。越是經典的餅乾越是要仔細地用心製作，才能做出更輕盈、令人印象深刻的成品。餅乾的形狀也豐富了意像，有絞擠而成、以手仔細整型而來、按壓模型製作…等等各種呈現方式。口感方面，也有酥鬆、硬脆、潤澤、清爽等等。酸甜、微苦、撲面而來的溫婉滋味、令人懷念的復古風味…。在發揮自由想像中，我希望能努力追求自己心中想呈現的餅乾，也希望閱讀本書後想要嘗試製作的讀者們，能由書中找到自己喜歡的大小、形狀及裝飾，並由此得到無窮的樂趣。

香酥芝麻的卡蕾特餅乾

使用了芝麻組合挑戰法國經典餅乾卡蕾特。芝麻與細砂糖一起攪打至粉碎，也就是利用磨成芝麻粉的狀態，展現壓倒性的香氣。如卡蕾特布列塔尼（Galletes Bretonnes）略帶著清爽鹹味正是重點。這是我個人深思後製作出的一款餅乾。

◉材 料［40個］

〈餅乾麵團〉
奶油…150g
芝麻糖粉
　黑芝麻…25g
　白芝麻…40g
　細砂糖…65g
鹽之花（磨細使用）…3g
蛋黃…18g
低筋麵粉…130g
泡打粉…1g
黑芝麻…25g
白芝麻…25g

刷塗蛋液（以下的分量，適量使用）
　蛋黃…2個
　細砂糖…5g
　水…5g

◉ 製作方法

1）製作芝麻糖粉。黑芝麻和白芝麻、細砂糖放入食物調理機（cutter）內攪打至粉碎。

2）奶油與1的芝麻糖粉、鹽之花一起放入電動攪拌機內，用槳狀攪拌棒混拌至顏色發白爲止。

3）少量逐次地加入蛋黃，充分混拌。加入混合並完成過篩的低筋麵粉和泡打粉，粗略混拌後，加入黑芝麻、白芝麻，混拌至粉類完全消失。

4）填入直徑4cm的淺圓模中，刮平麵糊表面。靜置於冷藏室一夜。

5）混拌刷塗蛋液的材料，薄薄地刷塗在4的表面共二次。以二根竹籤一起平行劃出十字紋。來回劃上二次圖案就會很清楚了。＊竹籤用膠帶固定住就能夠維持圖案的寬度，也方便作業。

6）以上火165℃、下火150℃的烤箱烘烤25～30分鐘。待完全冷卻後再脫模取出餅乾。

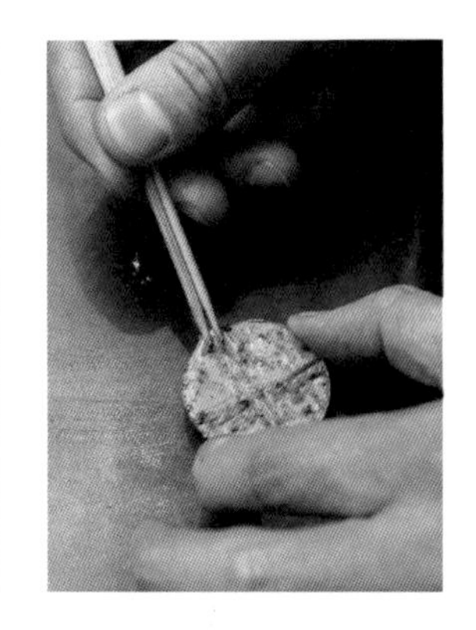

裹滿香草糖的
新月餅乾

以代表「新月」意思的Kipferl爲名，是維也納和德國大家耳熟能詳的餅乾。入口瞬間就能嚐到滿溢的奶油香，以及擴散在口中香草風味的奢華餅乾，仔細且不浪費時間地進行製作就是訣竅。因爲想烘托出奶香，所以不要烘烤得過度，撒上香草砂糖稍加放置，就能使香氣風味融合爲一。

材 料 ［100個］

〈餅乾麵團〉
低筋麵粉…250g
奶油…220g
細砂糖…80g
鹽之花（磨細使用）…2g
香草莢中刮出的香草籽（馬達加斯加產）…2支
蛋黃…40g

〈香草砂糖〉
細砂糖…100g
香草莢（馬達加斯加產）…1/4支
香草莢（二次用*）…8g

＊二次用的香草莢，是指在卡士達奶油餡中熬煮等使用過，再洗乾淨乾燥後的香草莢。磨細後再過篩使用。

製作方法

切成塊狀的奶油放置於冷凍，低筋麵粉、蛋黃則放置於冷藏冷卻備用。

1) 製作香草砂糖。細砂糖、香草莢內的香草籽、二次香草莢混合拌勻，取出香草籽的香草莢也一起放入，讓香氣擴散。

2) 依照p.21「添加了圓滾滾帶皮杏仁果的餅乾」步驟1～4製作麵團（用香草籽取代香草精，與糖粉一起放入食物調理機內混拌）。擀壓成適當的厚度，靜置於冷藏一夜。

3) 分切成每個6g，撒上手粉（用量外）滾圓。用手使其滾動成細棒狀，再整型成新月形。靜置於冷藏30分鐘以上。

＊這樣的狀態下可以冷凍保存。

4) 以上火160℃、下火150℃的烤箱烘烤20～25分鐘。

5) 將1的香草砂糖舖放在方型淺盤中，再排放上溫熱的餅乾，舀起大量香草砂糖由上覆蓋住餅乾。放置於室溫下一晚，就能完全沾附上香草的香氣了。

＊餅乾的溫度是重點。剛完成烘烤的餅乾可能會過度沾裹上香草砂糖，一旦冷卻又無法順利沾裹。此時可以用烤箱略微溫熱餅乾後再進行。

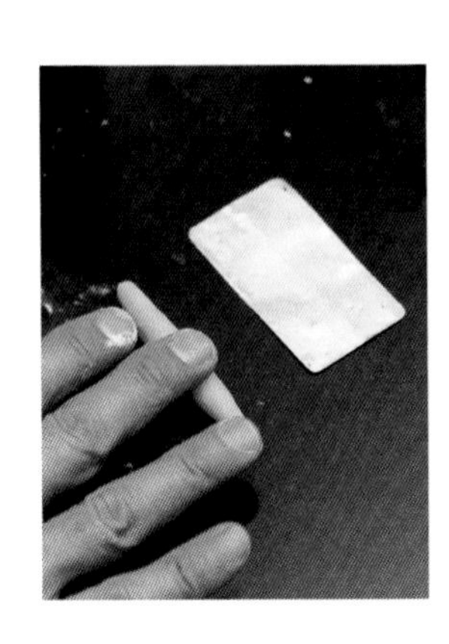

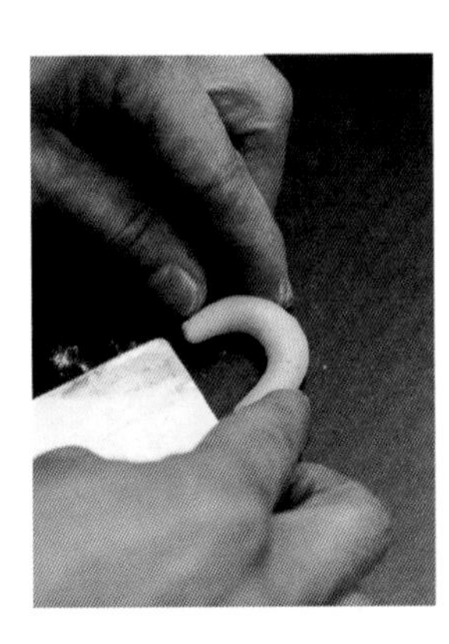

以小板子等作爲餅乾形狀的標準就能作出均一的外觀。照片當中是以小板子的長邊作爲棒狀的長度，短邊作爲彎曲時的寬幅。

優格與草莓的
酥鬆餅乾

在法國稱之為「boule de neige雪球」。
不使用雞蛋，風味樸實並具酥鬆口感的人氣餅乾。
白色是優格粉、粉紅色是草莓粉混拌糖粉，沾裹完成後色澤鮮艷的餅乾。
可以作成各種形狀也是製作的樂趣。

優格的酥鬆餅乾

杏仁的濃郁與優格粉的清爽酸味，
令人印象深刻。

◉ 材　料　[150個]

〈餅乾麵團〉
奶油…132g
糖粉…42g
杏仁片（烘烤過*）…65g
低筋麵粉…200g

優格的裝飾用粉（→p.124）…180g

＊杏仁片是以150℃的烤箱約烘烤15分鐘至呈金黃色後，再切成粗粒備用。

◉ 製作方法

1) 參照p.75「芝麻風味的酥鬆餅乾」製作方法，將奶油與糖粉攪拌至顏色發白、體積膨脹爲止。
2) 加入杏仁粒混拌，低筋麵粉分兩次加入並以刮杓混拌。靜置於冷藏一夜。
3) 整型成1×2.5cm的棒狀和1.5cm的球狀兩種，以150℃的烤箱烘烤約25分鐘。
4) 在餅乾仍微微有溫度時沾裹上優格裝飾用粉。放入網篩，以篩落多餘的粉。

草莓的酥鬆餅乾

使用的是非常適合搭配草莓香氣，
白巧克力和椰子的麵團。

◉ 材　料　[150個]

〈餅乾麵團〉
奶油…132g
糖粉…42g
草莓果泥*…6g
覆盆子果泥…2.5g
低筋麵粉…200g
椰子粉（烘烤過*）…30g
白巧克力（切碎）…30g

草莓的裝飾用粉（p.124）…180g

＊草莓果泥是使用味道濃郁森加森加拉品種（Senga Sengana）的草莓。使用其他品種的草莓果泥時，都要添加草莓利口酒來增添風味。
＊椰子粉以150℃的烤箱約烘烤15分鐘，至烘烤成金黃色。

◉ 製作方法

1) 以隔水加熱溶化草莓和覆盆子果泥。
2) 參照p.75「芝麻風味的酥鬆餅乾」製作方法，將奶油與糖粉攪拌至顏色發白、體積膨脹爲止。
3) 依序加入*1*、低筋麵粉、椰子粉、白巧克力，以刮杓混拌。靜置於冷藏一夜。
4) 與上述的「優格的酥鬆餅乾」相同方式整型、烘烤。在餅乾仍微微有溫度時沾裹上草莓裝飾用粉。放入網篩，以篩落多餘的草莓粉。

鑲填百香果果醬的
巧克力餅乾

濃郁的巧克力餅乾與帶著酸味的百香果果醬，充滿了成熟風味的搭配組合。巧克力餅乾容易變硬，因此除了低筋麵粉之外，搭配玉米粉或泡打粉、小蘇打粉，可增加輕盈及膨鬆的口感。

◉ 材　料 〔120個〕

〈餅乾麵團〉
奶油…200g
糖粉…90g
鹽之花（磨細使用）…1g
蛋白…72g
鮮奶油…72g
低筋麵粉…230g
玉米粉…135g
杏仁粉…40g
可可粉…45g
泡打粉…4g
小蘇打粉…5g

百香果果醬（→p.120）…280g
椰香利口酒（馬里布Malibu椰香蘭姆酒）…適量

◉ 製作方法

以攪拌器混拌低筋麵粉、玉米粉、杏仁粉、可可粉、泡打粉、小蘇打粉，過篩。

＊使膨脹劑能均勻遍布。

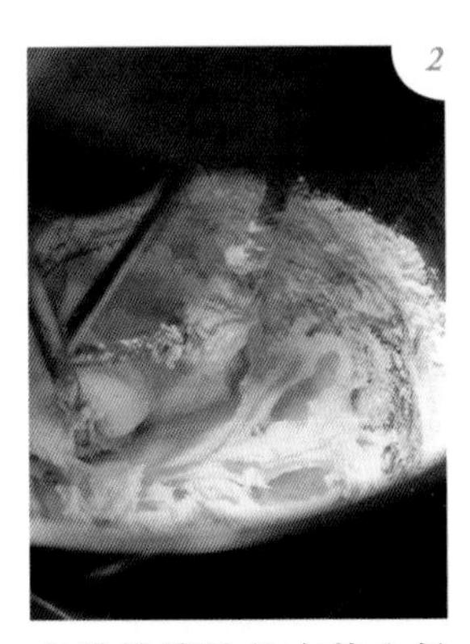

在攪拌機缽盆中放入奶油、糖粉、鹽之花，用槳狀攪拌棒攪拌至顏色發白、體積膨鬆為止。

混合蛋白和鮮奶油。

＊鮮奶油單獨加入麵團時，可能會因鮮奶油的打發而造成麵團的緊縮，因此先與蛋白混合後再加入。

分三次添加至*2*當中，每次加入後都混拌至溶入麵團為止。作業過程中可拆解下槳狀攪拌棒，由麵團底部翻起攪拌。

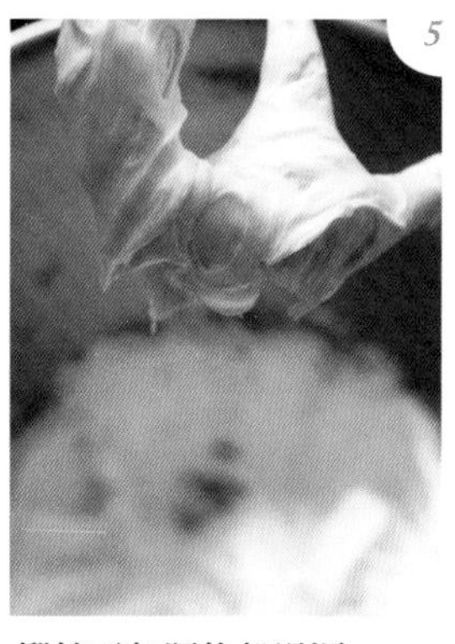

攪拌至如照片般滑順。

＊水分較多的麵團容易產生分離。一旦分離釋出的水分與後面加入的粉類結合，會導致口感過硬，所以這個時間點攪拌至麵團呈滑順狀態非常重要。

加入*1*全部的粉類，混拌。

完成麵團製作。若過度混拌，會釋出油脂成分，所以混拌至粉類完全消失即可。

將麵團填入裝有5號8齒星型擠花嘴的擠花袋內，絞擠出直徑3cm左右的圓形。

用鋁箔紙包覆圓形擠花嘴，按壓在絞擠出的麵團中央，使中央凹陷。

＊凹陷處之後將裝填果醬。

以140℃的烤箱烘烤約22分鐘。放涼降溫。

在百香果果醬中添加椰香利口酒，熬煮至易於絞擠的濃度。

＊椰子的香氣很適合搭配百香果。

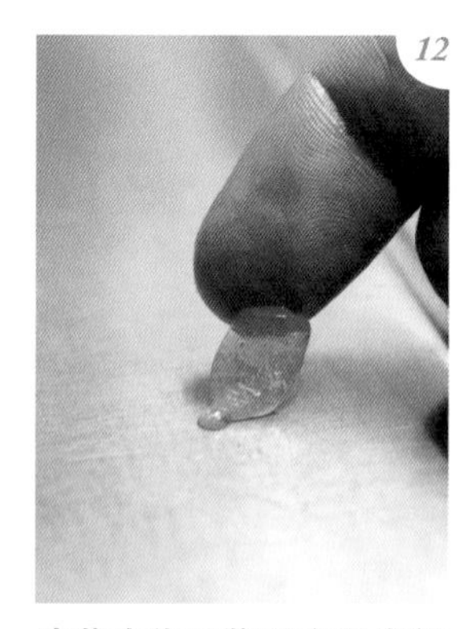

滴落少許果醬至方型淺盤上，冷卻時如照片般柔軟的硬度即OK。

用茶葉濾網將糖粉均勻篩撒在餅乾上。

在凹陷處擠入百香果果醬。

＊經過一段時間果醬表面會更平坦，所以擠入得稍多一點。

column

獨創的餅乾盒

對於餅乾罐，總是有著特別的想念。小時候，媽媽打開餅乾罐的蓋子前，總是整齊地撕下膠帶，在取出食用的部分後會再將膠帶貼回去，以避免餅乾受潮地將罐子密封。媽媽如此溫柔收整餅乾的身影，給了我很深刻的印象，總覺得這樣的精神現在也應該很重視地保存下來。

因爲腦海中有這樣的想法，所以在將綜合餅乾商品化時，首先就是想要做出能放入罐子內的餅乾。想傳遞出餅乾帶給人的溫馨感受，不是個別的包裝，而是像日本“年菜”般熱鬧地裝在一起…。匯集了本書中各種餅乾外形，裝滿了經典款的「four sec綜合罐裝小餅乾」設計，從一開始就是非常清晰的概念。另一方面，在2015年製作和風餅乾罐時，因爲想要表達出日式風格的衷心款待(Omotenashi)，而遲遲無法決定使用哪種設計。當時我對集團下系列店內各處所出現的圖紋有了靈感，就是這種祈願幸福的祥瑞圖紋。我首次察覺「原來在這樣的小地方都能呈現衷心款待的精神」，於是將這些圖紋使用在餅乾罐的設計上。如果在享用完餅乾後，餅乾罐仍能被大家重視的收藏或使用，對我而言就是至高無上的喜悅。

搭配檸檬果醬的
貝殼型紅茶餅乾

由檸檬茶發想而來充滿香氣的餅乾。麵團用以香氣聞名的伯爵茶葉為基底，添加了大吉嶺香萃可以更加深風味。塗抹上帶著酸味的檸檬果醬，就完成了體積雖小、卻不容易忽視它的風味、存在感十足的餅乾。特色鮮明的滋味，與其他花式小點心放在一起，也是畫龍點睛的重要存在。

◉ 材 料 ［180個］

〈餅乾麵團〉
奶油…72g
糖粉…37g
鮮奶油…27g
蛋白…27g
紅茶香萃（essence）（大吉嶺）*…1g
紅茶濃縮液（paste）（伯爵茶）*…0.5g
低筋麵粉…100g
杏仁粉…20g
玉米粉…15g
伯爵茶葉（磨細使用）…7g
紅茶粉（市售）…3g
小蘇打粉…2g
泡打粉…2g

檸檬果醬（→p.120）…400g
檸檬酒（Limoncello）… 適量

＊如果沒有紅茶香萃或濃縮液時，也可以增加茶葉或省略。

◉ 製 作 方 法

1) 奶油、糖粉放入攪拌機缽盆中，以槳狀攪拌棒混拌至顏色發白為止。

2) 混合拌勻鮮奶油、蛋白、紅茶香萃、紅茶濃縮液後，加入*1*當中均勻地混拌。

3) 低筋麵粉、杏仁粉、玉米粉、伯爵茶葉、紅茶粉、小蘇打粉、泡打粉混合後過篩，加入*2*混拌至粉類完全消失。

4) 將麵團填入裝有3號6齒星型擠花嘴的擠花袋內，絞擠成長2cm的貝殼形狀。
＊可以此狀態冷凍保存。

5) 以140℃的烤箱烘烤約24分鐘。放涼降溫備用。

6) 略加熬煮檸檬果醬，完成時添加檸檬酒。將果醬絞擠在*5*的尖端處。

填入占度亞巧克力開心果醬的
餅乾卷

馨香輕巧的薄脆卡蕾特餅皮中，填入大量濃郁的開心果奶油餡。
最後表面也奢華地使用了開心果的餅乾，是Atelier UKAI數一數二的人氣商品。
必須以手工才能完成的纖細感，正是這款餅乾的魅力所在。

◉材　料［100個］

〈卡蕾特麵糊〉
奶油…75g
細砂糖…80g
杏仁糖粉
│帶皮杏仁粉…25g
│糖粉…25g
蛋白…100g
低筋麵粉…75g

占度亞巧克力開心果醬（→p.123）…500g
開心果（裝飾用）…適量

裝飾用開心果，去皮後切成碎粒，放入60℃的烤箱中烘烤5分鐘左右使其乾燥備用。

◉ 製作方法

帶皮的杏仁粉攤放在烤盤上，以上火190℃、下火150℃的烤箱烘烤約10分鐘。過程中混拌數次，使整體的顏色均勻。

混合拌勻1與糖粉，製作杏仁糖粉。

＊藉由烘烤帶皮的杏仁粉，可以讓卡蕾特麵糊更具香氣。

在柔軟的奶油中添加細砂糖和2的杏仁糖粉，用槳狀攪拌棒混拌至顏色發白、體積膨鬆為止。

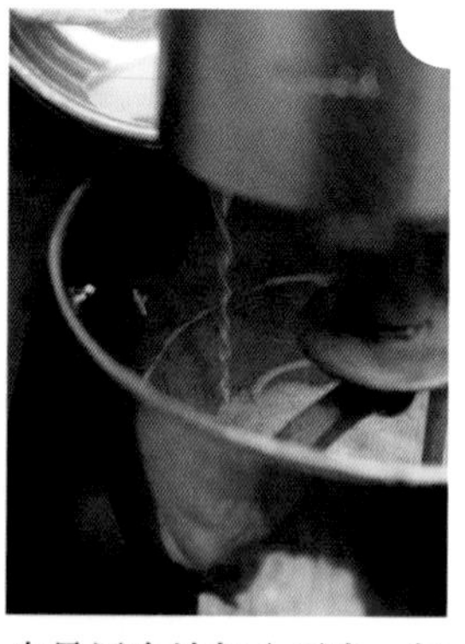

少量逐次地加入蛋白，仔細地混合拌勻。不時地拆解下槳狀攪拌棒，由缽盆底部翻拌材料。

因含水粉較多，不易結合，所以儘可能將其整合。如照片般的狀態即OK。

＊麵糊一旦冰涼就容易產生分離。必要時可以先溫熱蛋白、缽盆也可以用噴槍略加溫熱。

加入全部的低筋麵粉，上下翻拌地混拌至麵糊呈滑順狀態。靜置於冷藏一夜。

取出麵糊回復室溫，麵糊的質地成為柔軟滑順狀態。

＊如有需要可在麵糊下墊熱水以幫助回溫。

在烤盤上舖放烤盤紙，再擺放直徑4.5cm、厚3mm的圓形模版（Chevron）。用抹刀抹平刮除多餘的麵糊。

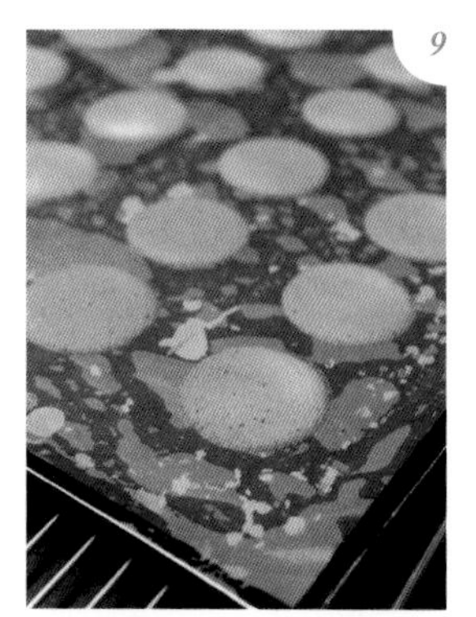

取下模版，以上火190℃、下火150℃的烤箱烘烤10～12分鐘，烘烤至全體呈烘烤色澤。

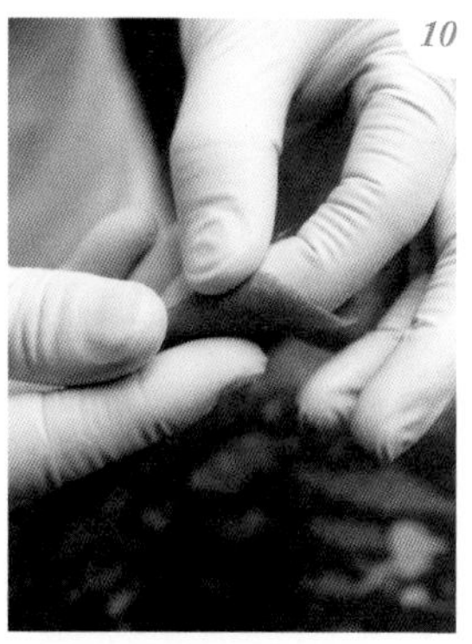

烘烤完成，趁餅乾仍柔軟時用手捲起，部分重疊而開口處打開地捲成甜筒狀。

插入網架中略加放置，以固定形狀。

在彎曲餅乾時，爲保持餅乾的溫度，在烤盤下墊放兩片溫熱的烤盤。餅乾冷卻變硬時，可噴灑水分再次放入烤箱中加溫至柔軟。

占度亞巧克力開心果醬以隔水加熱使其軟化後，調整至可絞擠的硬度。

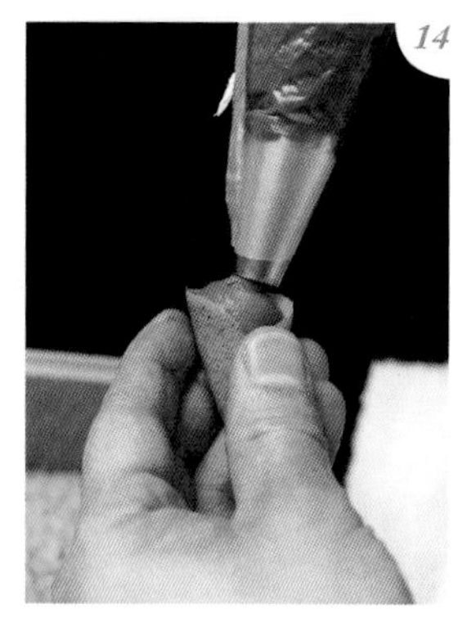

塡入裝有口徑11mm的圓形擠花嘴的擠花袋內，大量絞擠至餅乾卷內。

＊這款餅乾卷很奢侈地使用了滿滿的占度亞巧克力開心果醬內餡。

占度亞巧克力開心果醬的部分蘸上裝飾用的開心果碎。待占度亞巧克力開心果醬凝固後，與乾燥劑一同保存。

變化組合

卡蕾特麵糊中添加的堅果糖粉或占度亞巧克力堅果醬，藉由改變其中使用的堅果種類，就能組合變化餅乾卷的風味。裝飾用的堅果雖然一般使用烤上色的杏仁碎，但在此使用的是天然鮮艷色澤的開心果碎，也可以使用榛果或杏仁的奶酥粒。

占度亞巧克力核桃醬
夾心的餅乾

使用了大量核桃的麵團薄薄地烘烤後，塗上以烤香的核桃、牛奶巧克力製作的香濃占度亞巧克力核桃醬的夾心，可說是“百分百核桃”的香醇風味餅乾。麵團中使用了與奶油等量的核桃，極度地減少低筋麵粉，想要表現出滿溢的核桃口感。優質核桃才有的甘甜與馥郁香氣在齒頰留香。重點在於使用的核桃糖粉和占度亞巧克力核桃醬都是新鮮現作的，香氣風味完全不同。而且，單片容易破碎的酥脆餅乾，塗抹上占度亞巧克力核桃醬作成夾心餅乾後，口感恰到好處。如此纖細雅緻的風味，正是它的魅力。

◉ 材 料 ［75片］

〈餅乾麵團〉
奶油…100g
核桃糖粉（→p.10）…200g
蛋白…100g
低筋麵粉…50g

占度亞巧克力核桃醬（→p.123）…250g
核桃（切成粗粒）…適量
黑巧克力…適量

◉ 製作方法

1） 在柔軟的奶油中加入核桃糖粉，以摩擦方式混拌至顏色發白爲止。

2） 在另外的缽盆中打發蛋白，製作出呈現尖角的柔軟蛋白霜。

3） 將2加入1當中，粗略混合拌勻。加入低筋麵粉，仔細地混拌至粉類完全消失後，靜置於冷藏一夜。

4） 將3填入裝有口徑10mm的圓型擠花嘴的擠花袋內，在烤盤上絞擠出長5cm的麵團。撒上切碎的核桃，放入以150℃的烤箱烘烤約15分鐘。放涼降溫。

5） 占度亞巧克力核桃醬隔水加熱調整硬度。塗抹在烘烤完成的一半餅乾表面，其餘的另一半餅乾則作爲夾心覆蓋面。再以隔水加熱融化的黑巧克力在表面繪出線條。

添加白蘭地葡萄乾的
義式脆餅

不是質樸有咬勁的義式脆餅(biscotti),而是以添加了杏仁粉增添香味的甜餅乾(biscuit)麵團來製作,彷若雞蛋般的柔和色澤與白色糖粉,一起展現了優雅氣息的手指餅乾。為烘托白蘭地葡萄乾的風味,略微抑制了麵團的甜度。最初以160℃的烤箱烘烤,使糖粉形成球狀(珍珠狀結晶),再降溫至100℃繼續確實烘烤至乾燥,製成酥脆且輕盈的口感。飄散著白蘭地香氣,大人風格的餅乾。

◉ 材 料 [120個]

〈餅乾麵糊〉
蛋黃(M尺寸)…4個
細砂糖A…40g
蛋白(M尺寸)…4個
乾燥蛋白粉…10g
細砂糖B…80g
低筋麵粉…138g
杏仁粉…33g
葡萄乾(浸泡白蘭地)…120g

全糖粉*(撒放表面用)…適量

*乾燥蛋白與細砂糖B混合拌勻備用。
*葡萄乾輕輕擰乾水分、切碎。
*全糖粉是沒有添加玉米粉的糖粉。

◉ 製作方法

雞蛋、葡萄乾、用具都先充分冷卻備用。

1) 蛋黃和細砂糖A打發至顏色發白為止。
2) 在另外的缽盆中放入蛋白、混拌完成的乾燥蛋白粉和細砂糖B,打發並確實攪打成氣泡均勻的蛋白霜。
3) 從此步驟開始,在*1*的缽盆下墊放冰水進行。將*2*的蛋白霜1/3量加入*1*,用刮杓混拌使其融合。其餘的蛋白霜再分成1~2次加入混拌均勻,再加入已混合並完成過篩的低筋麵粉和杏仁粉,大動作粗略混拌。
4) 加入切碎的葡萄乾,混拌至遍布全體麵糊。
5) 將*4*填入裝有口徑14mm的圓型擠花嘴的擠花袋內,在烤盤上絞擠成寬2cm、長6cm的長條形。全糖粉分兩次篩撒。
6) 以160℃的烤箱烘烤約12分鐘,調降至100℃繼續烘烤至乾燥為止約2小時。

椰香麻花派卷

想要追求派麵團的美味，在Atelier UKAI是以用奶油包覆麵團（détrempe）的「反折疊法（inversée）」來製作麵團。爲表現輕盈口感地數次折疊是非常重要的關鍵。確實烘烤出的焦糖香脆口感，與派餅酥鬆的輕盈共譜出南國風情，與恰如其分的椰香美味。

◉材 料 ［200根］

〈派麵團〉

麵團（détrempe）

- 高筋麵粉…230g
- 低筋麵粉…30g
- 鹽…6g
- 細砂糖…6g
- 發酵奶油…15g
- 冷水…125g

發酵奶油（折疊用）…285g

高筋麵粉…75g

椰香利口酒（馬里布Malibu
椰香蘭姆酒）…適量

椰子香萃（essence）…少量

椰子粉…適量

細砂糖…適量

＊將椰子香萃適量澆淋在椰子粉上，充分混拌後備用。

◉ 製作方法

1） 製作麵團（détrempe）。放入冷水之外的全部材料，用食物調理機（cutter）打至小石礫狀。＊麵團的材料、器具全部都冷卻備用。

2） 移至攪拌機缽盆中，邊加入冷水邊用槳狀攪拌棒混拌，至全體可以整合爲一後，放入冷藏室冷卻。

3） 折疊用的冰冷發酵奶油，用擀麵棍敲軟。撒上用量中的高筋麵粉，擀壓成厚1.5cm的正方形。

4） 在2的麵團表面劃切十字切紋，配合擀壓成3的大小。

＊因爲是採用反折疊法（inversée）（用奶油包裹麵團的折疊手法），所以麵團必須配合奶油大小來擀壓。

5） 將4呈90度交錯的方式擺放在3的奶油塊上，將奶油的四角折起包覆麵團。擀壓成厚7mm，再四折疊後靜置於冷藏室。之後依序進行三折疊→四折疊→三折疊，邊冷藏靜置邊完成折疊步驟。

6） 將派麵團擀壓成厚1.5mm、寬30cm，靜置於冷藏一夜。

7） 在椰香利口酒中加入椰子香萃，混拌。再塗抹於6的表面。

8） 椰子粉和細砂糖以1：1的比例混拌，均勻撒上。用擀麵棍從上方擀壓使椰子砂糖與麵團貼合，靜置於冷藏室中。

9） 以每10cm等距地分成三等分。三片疊放在一起，再切成1cm的寬度。用手將每條扭轉二次，靜置於冷凍室（也可以此狀態冷凍保存）。

10） 解凍後撒上細砂糖，輕輕按壓麵團兩端排放在烤盤上。以140℃烤約25分鐘，烘烤至中央完全受熱後，調高至230℃約烘烤1分鐘，使表面的細砂糖呈焦糖狀。

薑香榛果
蛋白餅

以薑汁餅乾的概念完成的薑香蛋白餅。雖然是經典的配方比例，但利用添加薑和切碎的榛果來挑戰嶄新的味覺。藉由加入適合搭配生薑的二砂糖，使成品隱約飄散著特別的風味。重點在於使用有助於蛋白打發的乾燥蛋白粉，氣泡潤澤的蛋白霜，即使是添加了像榛果般含有油脂的食材，氣泡也不會被破壞地，保持輕盈地的口感。像是p.128用巧克力來裝飾也充滿食趣。

◉ 材 料 ［150個］

蛋白…90g
細砂糖A…36g
二砂糖…45g
細砂糖B…9g
乾燥蛋白粉…5g
榛果*…45g
薑粉（市售）…1.5g

＊細砂糖B與乾燥蛋白粉先混合拌勻備用。
＊榛果烘烤後切碎備用。

◉ 製 作 方 法

1） 在缽盆中放入蛋白、細砂糖A、二砂糖，一邊以80℃熱水隔水加熱，一邊以攪拌器混拌。在此若加熱不足會造成質地太稀，所以必須確實加熱。

2） 混合拌勻的細砂糖B和乾燥蛋白粉加入*1*當中，以調理攪拌棒（Stick Mixer）混拌至乾燥蛋白粉完全溶入其中。＊藉由添加乾燥蛋白粉，使蛋白霜的氣泡更爲安定。

3） 移至攪拌機的缽盆內，將其打發並持續攪打至降溫。在此若能使蛋白霜形成安定的氣泡，完成時的口感會更加輕盈可口，因此必須確實執行打發作業。榛果碎和薑粉混合後加入，爲避免破壞氣泡地大動作粗略混拌。

4） 填入裝有口徑11mm的圓型擠花嘴的擠花袋內，在舖有烤盤紙的烤盤上絞擠成直徑1cm的圓錐形。

5） 放入80℃的烤箱中烘烤一夜使其乾燥。放涼後與乾燥劑一起保存。＊家庭用烤箱溫度請參照p.12。

草莓蛋白餅
青蘋果薄荷蛋白餅

能品嚐到強烈的新鮮水果風味，又有入口即化的口感，
乾燥蛋白粉製作的蛋白霜獨有的特色。因爲可以直接呈現出食材的風味，
推薦使用新鮮果泥製作蛋白霜時使用的方法。
不耐高溫，所以是Atelier UKAI秋季至春季間的限定商品。

草莓蛋白餅

使用森加森加拉品種（Senga Sengana）的
草莓果泥，製作而成的酸甜蛋白霜。

◉ 材　料　［大小共200個］

細砂糖…28g
乾燥蛋白粉…10g
草莓果泥（冷凍）*…125g
草莓利口酒（Marie Brizard）…10g
檸檬汁…5g
海藻糖（Trehalose）…100g
草莓粉*… 適量

＊草莓果泥使用的是風味濃郁的森加森加拉品種（Senga Sengana）。特徵是自然的酸味及甘甜，若使用其他的草莓果泥，必須添加草莓利口酒以補足風味。
＊草莓粉是冷凍乾燥後製成的粉末。

◉ 製作方法

1 混拌細砂糖和乾燥蛋白粉備用。

＊乾燥蛋白粉因容易結塊不均勻，所以與細砂糖充分混拌後使用。

2 加熱草莓果泥2/3的用量，加入草莓利口酒、檸檬汁並用攪拌器充分混拌使其溶化。

3 放入海藻糖，邊混拌邊加熱至完全溶化。

＊海藻糖一旦溶化不完全，在食用時會殘留粗糙顆粒口感。

4 將3加入其餘的草莓果泥中溶化，在缽盆下墊放冰水急速冷卻。

＊部分的果泥留待最後再混拌，更能保持草莓新鮮的風味及色澤。

停止墊放冰水，加入*1*。

乾燥蛋白粉容易結塊不均勻，因此先用調理攪拌棒充分攪打使其呈滑順狀態。

＊也可以用果汁機攪打。

移至攪拌機缽盆，以高速確實攪打至發泡的蛋白霜。

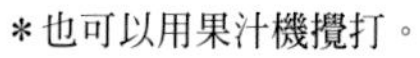

填入裝有3號6齒星型擠花嘴的擠花袋內，絞擠出直徑1.5cm和1cm的大小。

＊經過一段時間，變得垂軟，就必須再次打發後再擠（含有堅果等油脂成分的材料無法重新打發，所以要立刻絞擠）。

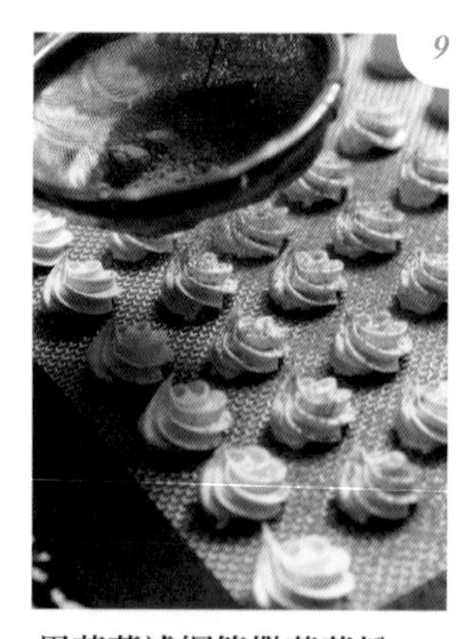

用茶葉濾網篩撒草莓粉。

＊增添顏色和提味，所以過篩方式、過篩與否可視個人喜好進行。

立即放入80℃的烤箱烘烤2小時，之後降至60℃烘烤一晚至乾燥。

＊家用烤箱的溫度請參照p.12。

青蘋果薄荷蛋白餅

發想來自稱為「蘋果薄荷Apple mint」的薄荷品種。
使用薄荷葉，利用天然香氣製作的成品。

◉ 材 料 ［大小共200個］

細砂糖…30g
乾燥蛋白粉…15g
青蘋果果泥（冷凍）…125g
濃縮蘋果汁*…62g
檸檬汁…20g
薄荷利口酒（GET 31）…12g
卡巴度斯蘋果酒（calvados）…12g
綠薄荷（spearmint）（新鮮）…4g
海藻糖（Trehalose）…105g
色粉（綠）…1又1/2小匙（以1/10小匙計量）
色粉（黃）…1/5小匙（以1/10小匙計量）

＊以100%蘋果汁熬煮濃縮至1/3。
＊若無色粉也可以省略，成品會是略為暗沈的綠色。

為烘托出天然的風味，僅撕碎使用新鮮的綠薄荷葉片。

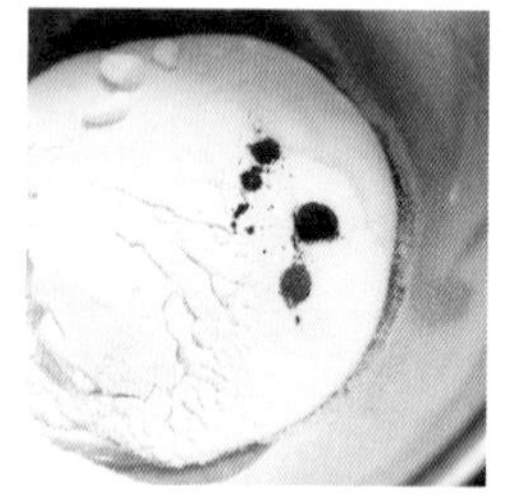

用色粉呈現綠色時，添加黃色會有更自然的呈色。在此使用的是sevarome公司的「開心果綠」、「檸檬黃」。與細砂糖和乾燥蛋白粉充分混合備用。

◉ 製作方法

加熱青蘋果果泥2/3用量，加入濃縮蘋果汁、檸檬汁、薄荷利口酒、卡巴度斯蘋果酒，混拌使其溶化。

＊利口酒可產生薄荷清新的爽快感。

放入全部的海藻糖，邊混拌邊煮至溶化。

將2加入其餘的青蘋果果泥中使其溶化，在缽盆下墊放冰水急速冷卻。

＊為保持接著加入的薄荷葉色澤，而必須急速冷卻。

加入綠薄荷葉，用調理攪拌棒打碎。

＊藉由一起打碎薄荷葉更提升香氣。

加入混合好全量的細砂糖、乾燥蛋白粉和色粉，用調理攪拌棒攪拌以溶化乾燥蛋白粉。

移至攪拌機缽盆，以高速確實攪打至發泡的蛋白霜。

填入裝有3號6齒星型擠花嘴的擠花袋內，絞擠出直徑1.5cm和1cm的大小。放入80℃的烤箱烘烤2小時，之後降至60℃烘烤一晚至乾燥。＊家用烤箱的溫度請參照p.12。

用乾燥蛋白粉製作蛋白霜的重點

乾燥蛋白粉是揮發蛋白中的水分（脫水）使其乾燥而成。通常用在想要製作出更安定的蛋白霜時補助使用，在此是為了「將蛋白中的水分替換成水果果泥或果汁、利口酒，所以使用乾燥蛋白粉」，會更理解此作法上的重點。也就是為了作出「草莓蛋白餅」和「青蘋果薄荷蛋白餅」，先製作草莓風味和青蘋果薄荷風味的蛋白，再打發成能突顯食材風味的蛋白霜。

組合變化

水果蛋白霜中使用果泥時，請參照「草莓蛋白餅」；而使用香草與利口酒時，則可以參照「青蘋果薄荷蛋白餅」來搭配組合變化。也可以用香檳、紅葡萄酒來取代利口酒，香草改以菠菜等蔬菜也OK。蔬菜只要不是像玉米般含有油脂的食材都可使用。鹹味蛋白霜的製作方法，請參照p.107「番茄蛋白餅」、p.110「海苔鹽蛋白餅」。

蛋白霜的絞擠方法

蛋白霜的風味和顏色、絞擠形狀，有著非常廣泛多變的風貌。在此以「草莓蛋白餅」、「青蘋果薄荷蛋白餅」爲例，加以介紹。

玫塊花型

用星型擠花嘴，以順時針方向轉動一圈地絞擠而成。宛如玫瑰花苞的形狀。

松露球型

用圓型擠花嘴略爲拉高地絞擠出圓形。是渾圓可愛的形狀。

花型

以圓型擠花嘴絞擠6個水滴狀的花瓣，最後再絞擠中央部分。

心型

用圓型擠花嘴絞擠出圓形後沿著拉出「ノ」的形狀。最後拉出的線條就是完成時的樣子。

四葉型

用圓型擠花嘴，由外側向中央絞擠成水滴狀。四片組合就是四葉幸運草的形狀。

葉片型

以圓型擠花嘴由上而下，略爲偏移地絞擠出5個左右的水滴狀。

直線型

利用不同顏色的蛋白霜，相貼合地絞擠出直線。烘烤完成後再分切成自己喜歡的長度。

蛋白餅大集合！

照片中的蛋白餅除了p.58的草莓蛋白餅、青蘋果薄荷蛋白餅之外，還有黑醋栗、洋梨、香蕉＋百香果＋蘋果的綜合水果、杏、柚子、柿子⋯。用乾燥蛋白粉製作時，洋梨或柿子般氣味不甚明顯的水果也能表現出特色。櫻桃的蛋白餅可以在表面裝飾冷凍乾燥的黑醋栗；柿子的蛋白餅可以撒上煎茶粉。在形狀、大小或裝飾下點工夫，蛋白餅也能有豐富的表情變化。

和風餅乾

「以餅乾來表現日式和風」爲出發點。想要烘托出抹茶、柚子、和三盆糖、黃豆粉等，日式食材本身的簡樸美味。以裝滿了日式烘烤點心所展現的美感爲意念，利用梅花、松葉等形狀，以及西式糕點中所沒有的色彩相搭配表現「和風」，無論是誰都會感覺開心又親切的味道。

黑糖焙茶奶油酥餅
抹茶奶油酥餅

使用黑糖，帶著焙茶隱約香氣的餅乾，
略苦的抹茶餅乾使用和三盆糖。放入口中瞬間就融化了。

☞ p68

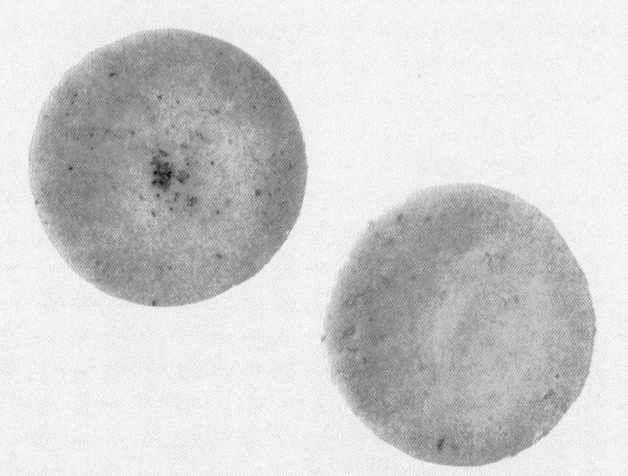

青山椒奶油酥餅
柚子奶油酥餅

雅緻甜味的和三盆糖麵團，一種是揉入了
鮮明辛辣的青山椒、一種是和入了清爽淡香的柚子皮。

☞ p70

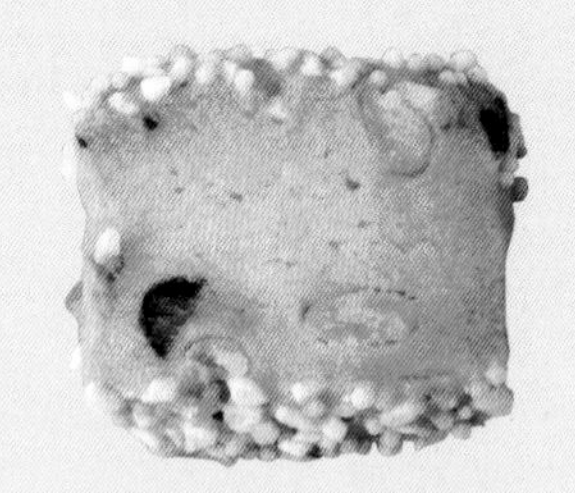

紅豆、甜豌豆和
松子的脆餅

帶著柔和甜味和鬆軟口感的豆類、具獨特香氣的松子，
周圍沾裹上珍珠糖，嚐起來別具口感樂趣的餅乾。

☞ p72

芝麻風味的酥鬆餅乾

彷彿凝聚濃縮了芝麻，是一款香味豐富的餅乾。
酥鬆又入口即化的口感，還能感受到口中餘韻的魅力。

☞ p74

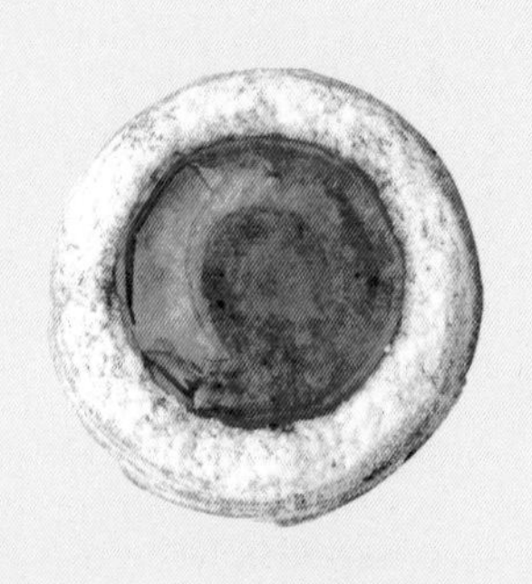

柚子果醬的
白罌粟籽餅乾

絞擠填裝了柚子果醬的柔軟餅乾，因爲添加了白罌粟籽
和柚子皮，罌粟籽的香氣更烘托出柚子的清爽可口。

☞ p76

紫芋與蘋果的
方格餅乾

紫色鬆散口感的麵團，與添加半乾燥蘋果的酸甜麵團，
交疊出方型圖紋。充滿了秋季的色彩。

☞ p78

黃豆粉餅乾

以日式糕點落雁為概念、入口即化並兼顧餘韻，
能突顯出黃豆粉樸質口感及簡約香氣的薄燒餅乾。

☞ p80

抹茶與黃豆粉的
雙層餅乾

在黃豆粉麵團上薄薄地塗抹一層抹茶麵糊，是和風口味的雙層餅乾。
非常適合綠色的松葉或竹葉等形狀，帶來視覺上的一大樂趣。

☞ p82

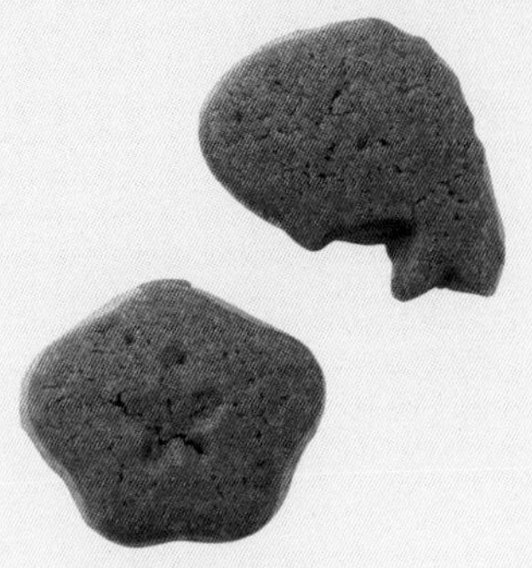

草莓與黃豆粉的
雙層餅乾

在黃豆粉麵團上，層疊塗上草莓口味的紅色麵糊。
若是用梅花、鯛魚等形狀的切模製作，更適合喜慶節日。

☞ p83

覆盆子粉餅乾

第二層的麵團中添加了巧克力片或椰子。
覆盆子的酸甜和不規則的口感，令人印象深刻。

☞ p88

黑糖焙茶奶油酥餅
抹茶奶油酥餅

將p.18「如砂粒般入口即化的楓糖餅乾」改以日式和風口味來呈現。黑糖和焙茶的組合靈感是來自「UKAI亭」的點心－焙茶冰淇淋。若僅放黑糖就只有甜味，僅加入焙茶則澀味會過於明顯，但二者的組合卻是平衡得恰如其分。抹茶是以剛泡好的濃茶為視覺印象，所以顏色和苦味都是明顯而紮實的。

黑糖焙茶奶油酥餅

◉ 材 料 ［45個］

〈餅乾麵糊〉
奶油…200g
黑糖（粉末）…76g
鹽之花（磨細使用）…1g
蛋黃…25g
低筋麵粉…100g
玉米粉…60g
焙茶粉…10g

黑糖焙茶裝飾（→p.125）…50g

抹茶奶油酥餅

◉ 材 料 ［45個］

〈餅乾麵團〉
奶油…200g
和三盆糖…78g
鹽之花（磨細使用）…1g
蛋黃…25g
低筋麵粉…95g
玉米粉…70g
抹茶粉…5g

抹茶的裝飾用粉（→p.125）…50g

◉ 製作方法

這二種餅乾，都與p.18「如砂粒般入口即化的楓糖餅乾」的製作步驟相同。

1) 在柔軟的奶油中添加黑糖（製作抹茶奶油酥餅時則是和三盆糖）和鹽之花，混拌至呈現滑順的乳霜狀。

2) 加入打散的蛋黃混拌。放入混合過篩後的低筋麵粉、玉米粉、焙茶粉（製作抹茶奶油酥餅時用的是抹茶粉），確實攪拌至呈滑順狀態為止。

3) 將麵糊絞擠至3.8cm的方型花式小蛋糕模型，表面刮平去除多餘的麵糊。以上火160℃、下火150℃的烤箱烘烤約24分鐘。散熱放涼後，以黑糖焙茶的裝飾用粉（或抹茶的裝飾用粉）以茶葉濾網篩撒，待完全冷卻後再取出餅乾。

青山椒奶油酥餅
柚子奶油酥餅

日本的辛香料與柑橘類，是我一直很想嘗試用於餅乾的食材。青山椒的奶油酥餅中，使用的是高知縣產的乾燥青山椒，辛辣風味鮮明強烈，綠意也同樣鮮活。而柚子是磨下新鮮柚子皮，因此香氣格外清爽。無論哪一款都在入口即化的口感中，感受到食材風味的呈現。

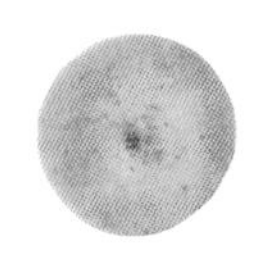

青山椒奶油酥餅

◉ 材料［50個］

〈餅乾麵糊〉
奶油…200g
和三盆糖…75g
鹽之花（磨細使用）…2.5g
青山椒粉（乾燥‧磨細使用）*…3g
蛋黃…25g
低筋麵粉…105g
玉米粉…70g

青山椒粉（乾燥）…少量

＊青山椒是高知縣產的新鮮山椒乾燥後的製品，
特徵是具有強烈的香氣和辛辣味。

柚子奶油酥餅

◉ 材料［50個］

〈餅乾麵團〉
奶油…200g
和三盆糖…75g
鹽之花（磨細使用）…2.5g
柚子皮（磨成泥狀）*…中等4個
蛋黃…25g
低筋麵粉…105g
玉米粉…85g

＊柚子皮是用磨泥器磨下新鮮柚子的表皮來使用。

◉ 製作方法

這二種餅乾，都與p.18「如砂粒般入口即化的楓糖餅乾」的製作步驟相同。

1) 在柔軟的奶油中添加和三盆糖和鹽之花、青山椒粉（製作柚子奶油酥餅時是磨成泥的柚子皮）混拌至呈滑順的乳霜狀。

2) 加入打散的蛋黃混拌。放入混合過篩後的低筋麵粉、玉米粉，確實攪拌至呈滑順狀態爲止。

3) 將麵糊絞擠至口徑4cm的小型塔模內，表面刮平去除多餘的麵糊。以上火160℃、下火150℃的烤箱烘烤約24分鐘。撒上青山椒粉（柚子奶油酥餅什麼都不用撒），待完全冷卻後再取出餅乾。

紅豆、甜豌豆和
松子的脆餅

將p.20「添加了圓滾滾帶皮杏仁果的餅乾」使用的杏仁果，替換成紅豆、甜豌豆以及具獨特香氣風味的松子。酥鬆的餅乾與整顆甜豆、松子的鬆軟口感，與周圍沾裹的細粒霰餅和珍珠糖的粒狀咬感，可以同時享受到各種食感的餅乾。令人不禁想起豆煎餅的懷舊風味，也是這款餅乾的魅力之一。

◉ 材 料 [80個]

〈餅乾麵團〉
低筋麵粉…150g
奶油…90g
糖粉…60g
鹽…0.5g
全蛋*…30g
香草精*… 少量
松子…23g
紅豆*（糖煮）…20g
甜豌豆*（糖煮）…20g

珍珠糖…100g
細粒霰餅…30g

＊香草精與全蛋一起打散備用。
＊紅豆和甜豌豆使用糖煮的種類。

◉ 製作方法

切塊的奶油放於冷凍室、低筋麵粉、全蛋則放於冷藏室冷卻備用。
與p.21「添加了圓滾滾帶皮杏仁果的餅乾」製作步驟相同。

1) 低筋麵粉和奶油以食物調理機（cutter）打碎成鬆散狀態。移至攪拌機，加入糖、鹽混拌。少量逐次地加入打散的全蛋和香草精，再加以混拌。

2) 加入松子，待均勻遍布後，再少量逐次地加入紅豆、甜豌豆，儘可能避免破壞形狀地混拌均勻。＊取出麵團推展開後，再撒放豆類，折疊麵團讓豆粒分布均勻也可以。

3) 將麵團整型成3×4cm、長40cm的長方柱體，靜置於冷藏一夜。兩面刷塗蛋白（用量外），沾裹混合好的珍珠糖和細粒霰餅，再切成1cm寬的片。放在鋪有烘焙紙的烤盤上，以140℃的烘烤約30分鐘。

芝麻風味的酥鬆餅乾

想像它是沾裹了大量芝麻的雙色芝麻丸子。餅乾本身及周圍沾裹的芝麻粉中豪奢地使用了和三盆糖，充分表現出日式風格。雖然濃郁但又同時有著瞬間溶於口的高雅風味，也是這款餅乾最迷人之處。不使用雞蛋和泡打粉地完成製作，可以讓更多人樂於品嚐享用的點心。

◉ 材 料 〔160個〕

〈餅乾麵團〉
奶油…130g
和三盆糖…40g
黑芝麻…105g
低筋麵粉…200g

黑芝麻裝飾粉（→p.125）…300g

＊黑芝麻以160℃的烤箱烘烤約10分鐘彰顯香氣，放涼後使用。

◉ 製作方法

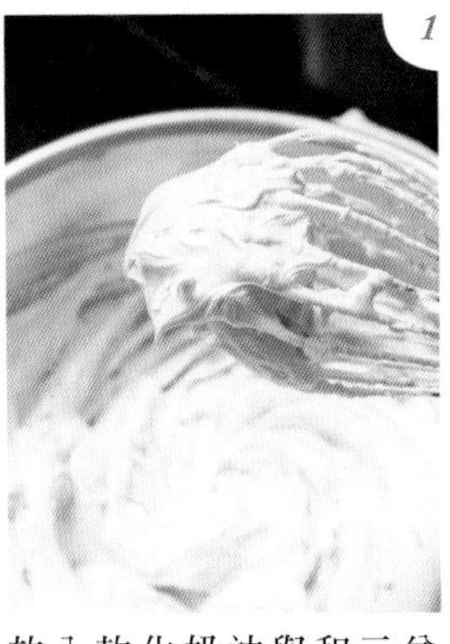

放入軟化奶油與和三盆糖，用攪拌器混拌至顏色發白爲止。

＊藉著攪打入空氣以製作出酥鬆的口感。也可以用手持電動攪拌機混拌。

加入黑芝麻混拌。

＊先混拌黑芝麻與奶油，使芝麻得以遍布全體。即使芝麻攪打破損也沒有關係。

完成過篩的低筋麵粉分二次加入，刮杓由底部大動作混拌。

＊破壞了麵團中打入的空氣會導致成品變硬，所以不能過度混拌。

完成麵團製作。擀壓成1.5cm的厚度，放入塑膠袋等密封靜置冷藏一夜。

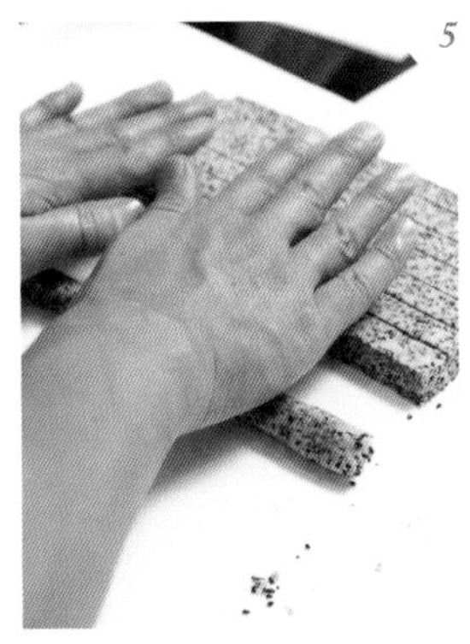

麵團略恢復室溫，切成寬1.5cm條狀。在工作檯上滾動每條麵團使其成爲圓柱狀。放入冷藏室冷卻。

＊麵團容易破裂，因此滾動時務必要輕巧。

用刀子以1.5cm的寬度分切成塊。若麵團裂開，用手加以整合。

放入150℃的烤箱烘烤約25分鐘。

＊爲了能烘托出芝麻的香氣與奶油的奶香，必須避免烘烤至呈色過度。

待餅乾放涼至人體肌膚溫度時，大量沾裹上黑芝麻的裝飾用粉。

放入網篩，以篩落多餘的芝麻的裝飾用粉。

＊篩落的黑芝麻裝飾用粉可以再度過篩，以除去混入的餅乾屑，日後可再次利用。

變化組合

在Atelier UKAI，會將黑芝麻替換成白芝麻來變化組合，如左頁般以黑白搭配地進行販售。p.38「優格與草莓的酥鬆餅乾」基本上也是相同的製作方法。

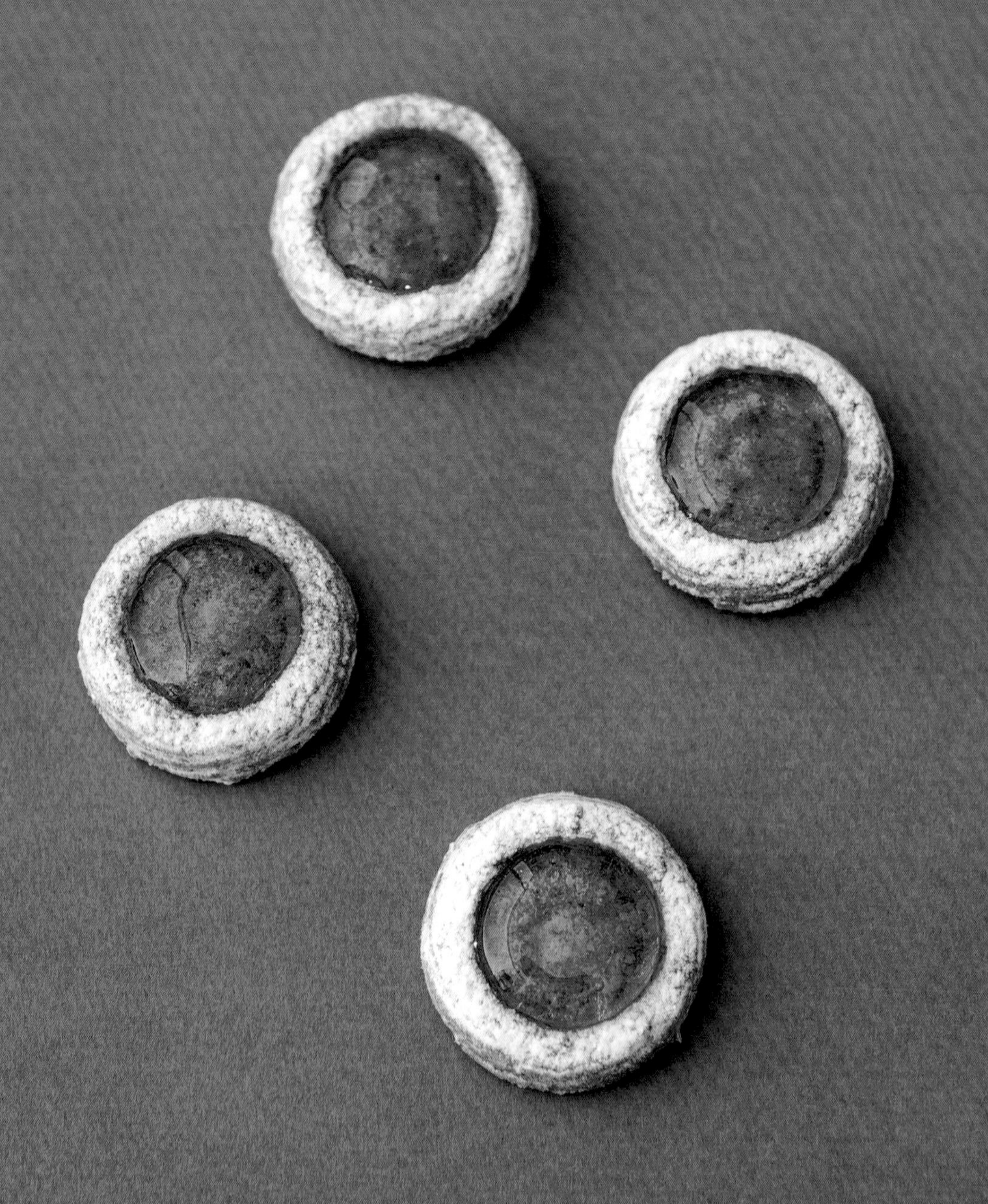

柚子果醬的
白罌粟籽餅乾

提到日式和風糕點不可或缺的水果，一定就是柚子。帶有爽朗清新的香氣與酸味的柚子果醬，擠在口感柔和的餅乾上。麵團中添加了罌粟籽和柚子皮，所以有著顆粒般的口感和香氣，略帶隱約的苦味。罌粟籽的香氣更襯托出柚子果醬的風味。

◉ 材 料 ［100個］

〈餅乾麵團〉
奶油…150g
柚子砂糖…80g
鹽之花（磨細使用）…1g
蛋白…55g
鮮奶油…55g
低筋麵粉…200g
玉米粉…125g
杏仁粉…40g
小蘇打粉…3.5g
泡打粉…3g
白罌粟籽…40g

柚子果醬（→p.120）…300g
糖粉（裝飾用）…適量

◉ 製作方法

與p.41「鑲塡百香果果醬的巧克力餅乾」製作步驟相同。

1) 奶油、柚子砂糖、鹽之花，用槳狀攪拌棒混拌至顏色發白、體積膨鬆爲止。

2) 分2～3次加入充分混拌的蛋白和鮮奶油，確實混拌至融入與麵團結合爲止。

3) 加入混合並完成過篩的低筋麵粉、玉米粉、杏仁粉、小蘇打粉及泡打粉，混拌至粉類完全消失爲止。加入白罌粟籽混拌至遍布全體麵團中。

4) 將*3*塡入裝有4號8齒星型擠花嘴的擠花袋內，絞擠出直徑4cm的大小。按壓小麵團中央，使中央部位凹陷。以140℃的烤箱烘烤約22分鐘。

5) 略加熬煮柚子果醬至易於絞擠的濃稠度。

6) 餅乾降溫後，以茶葉濾網篩撒糖粉，並將果醬大量絞擠在中央凹陷處。

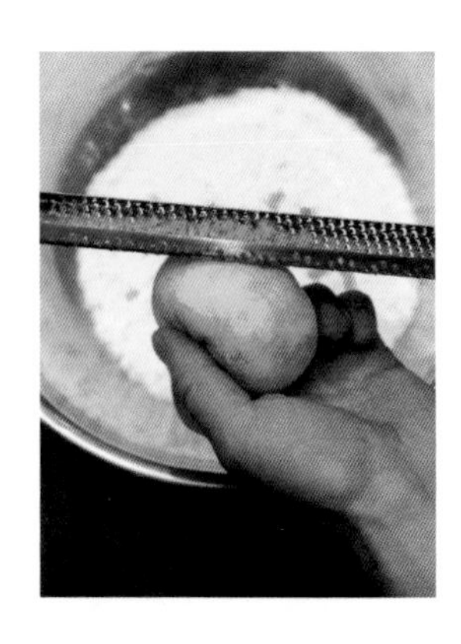

◉ 柚子砂糖的製作方法

削下兩顆柚子皮與300g糖粉混拌。在削下的柚子果實表面撒上糖粉，放置10分鐘使香氣轉移。撥落沾裹在果實周圍的糖粉，並與其他糖粉一起混合。放置於烤箱上等乾燥之處約半天，再利用食物調理機攪成粉末狀（爲方便製作的分量）。

紫芋與蘋果的
方格餅乾

以秋季色彩爲意像，紫芋與蘋果製作出的方格圖紋餅乾。紫芋的麵團爲基底，蘋果麵團是添加了切碎的半乾燥蘋果，各別展現了鬆軟與酸甜的滋味。形狀呈長方形時更具成熟感。春季則是抹茶與櫻花的方格圖紋，製作時將季節考量在內，也是一種樂趣。

◉ 材 料［120個］

〈紫芋餅乾麵團〉
奶油…110g
糖粉…45g
色粉（青、紫）*…
　各1小匙（以1/10小匙計量）
鹽之花（磨細使用）…2g
蛋黃…22g
紫芋泥…55g
低筋麵粉…137g
紫芋粉…12g

〈蘋果餅乾麵團〉
奶油…100g
糖粉…40g
鹽之花（磨細使用）…1g
蛋黃…20g
濃縮蘋果汁*…20g
濃縮蘋果醬*…30g
低筋麵粉…125g
玉米粉…35g
半乾燥蘋果…35g

＊色粉與糖粉混合備用。青色的色粉使用的是「靛藍」、紫色是「紫蘿蘭色」（都是sevarome公司的產品）。
＊濃縮蘋果汁是用100%蘋果汁熬煮濃縮成1/3。
＊濃縮蘋果泥使用的是Narizuka Corporation公司的「Jupe」。若沒有時也可以加入濃縮蘋果汁20g和卡巴度斯蘋果酒（Calvados）10g來代替。

◉ 製作方法

兩種麵團都與p.23「維也納風格的花型餅乾」製作步驟相同。

1） 紫芋餅乾麵團。奶油、糖粉和色粉、鹽之花，一起攪打至顏色變淺、體積膨鬆爲止。依序加入蛋黃、紫芋泥，混拌後再加入混合且完成過篩的低筋麵粉和紫芋粉，確實混拌。靜置於室溫下約15分鐘後，再移至冷藏靜置一夜。

2） 蘋果餅乾麵團。奶油、糖粉、鹽之花，一起攪打至顏色發白、體積膨鬆爲止。依序加入蛋黃、濃縮蘋果汁、濃縮蘋果醬混拌。再加入混合且完成過篩的低筋麵粉和玉米粉，確實混拌，最後加入切成粗粒的半乾燥蘋果，粗略混拌。靜置於室溫下約15分鐘後，再移至冷藏靜置一夜。

3） 將*1*和*2*的麵團擀壓成6mm厚，薄薄地刷塗蛋白（用量外）後疊放，使其貼合。放入冷藏冷卻變硬。

4） 分切成寬15mm的長條後，兩條一組地以形成方格圖紋狀疊放，刷塗蛋白（用量外）使其貼合。再分切成厚9mm的片狀，排放在烤盤上以150℃的烤箱烘烤約20分鐘。

黃豆粉餅乾

以日式糕點中的落雁爲概念，入口即化兼顧餘韻，除了口中清爽溶化的口感外，更追求如黃豆粉入口般的鬆散感受，任何人都能輕鬆享用的餅乾。日式和風的口味視覺上也同時充滿樂趣，因此使用了鯛、龜、松葉、葫蘆等喜慶時使用的圖案。

◉ 材 料 ［250個］

〈餅乾麵團〉
奶油…250g
二砂糖…65g
細砂糖…65g
鹽之花（磨細使用）…1.5g
全蛋…35g
低筋麵粉…300g
黃豆粉…80g
小蘇打粉…7g
泡打粉…3g

黃豆粉的裝飾用粉（→p.125）…300g

◉ 製作方法

柔軟的奶油用槳狀攪拌棒打散。加入二砂糖、細砂糖和鹽之花，攪打至顏色變淺、體積膨鬆爲止。

＊二砂糖很適合搭配黃豆粉，更能增添濃郁。

打散全蛋，分二次少量逐次地加入，充分混拌。

在此階段中，使奶油與雞蛋的水分互相結合。

混合低筋麵粉、黃豆粉、小蘇打粉和泡打粉，過篩。全部加入*3*之中，充分混拌至粉類完全消失爲止。

＊併用小蘇打粉和泡打粉，是爲了製作出獨特的潤澤且酥鬆口感。

整合並密封麵團，靜置於冷藏一夜。

＊此時的麵團，嚐起來就是充滿著黃豆粉的風味。成品就是以此意像設計的。

麵團略加放置回復室溫，撒上手粉（用量外），以擀麵棍擀壓成2mm的厚度，冷藏靜置。依個人喜好的模型切出形狀，排放在烤盤上。

以140℃的烤箱烘烤15～16分鐘。

＊爲更突顯黃豆粉的風味，請注意不要過度烘烤。

餅乾放至人體肌膚溫度時，再撒上裝飾用黃豆粉，放入網篩，以篩落多餘的黃豆粉裝飾用粉。

抹茶與黃豆粉的
雙層餅乾

在p.80的「黃豆粉餅乾」麵團上，再薄薄地塗抹上一層抹茶麵糊，烘烤出雙層餅乾。非常能夠搭配抹茶綠的節慶形狀（龜、松葉、竹、葫蘆），薄燒更能襯托出二種麵團纖細的對比。

草莓與黃豆粉的
雙層餅乾

是將「黃豆粉餅乾」薄薄地塗抹上草莓風味的麵糊，再烘烤而成的雙層餅乾。形狀有梅花、小槌、千鳥、鯛四種。草莓的紅色更添喜慶感。非常推薦與黃豆粉餅乾搭配的紅白組合。

抹茶與黃豆粉的雙層餅乾

抹茶麵糊中使用的是抹茶香萃和粉末。
更突顯了白罌粟籽的香氣及顆粒狀口感。

◉ 材 料 〔200個〕

〈雪茄餅乾麵糊〉（使用以下製作好的270g）
奶油…80g
細砂糖*…40g
海藻糖（Trehalose）*…40g
杏仁粉…26g
蛋白…106g
抹茶香萃…2g
白罌粟籽…26g
抹茶粉…8g
米粉…73g
玉米粉…72g
色粉（綠）…1/2小匙（以1/10小匙計量）
色粉（黃）…1/2小匙（以1/10小匙計量）

黃豆粉餅乾麵團（→p.81）…260g

＊細砂糖和海藻糖混合備用。
＊色粉使用的綠是「開心果綠」、黃是「檸檬黃」（兩者都是Sabaton公司的商品）。
＊抹茶香萃是使用Dover公司的Toque Blanche（杜瓦高帽系列）抹茶。

併用細砂糖和海藻糖，是爲了控制甜度而突顯抹茶的風味，也能和緩麵團的硬化。

◉ 製作方法

1 將黃豆粉餅乾麵團擀壓成2mm的厚度，放至冷藏冷卻。

2 製作抹茶雪茄餅乾麵糊。在柔軟的奶油中放入細砂糖和海藻糖，混拌至顏色發白。加入杏仁粉。

3 打散蛋白，少量逐次加入並仔細混拌。

＊蛋白放至回復室溫。加入一半用量時，要刮下沾黏在槳狀攪拌棒和缽盆上的麵糊。

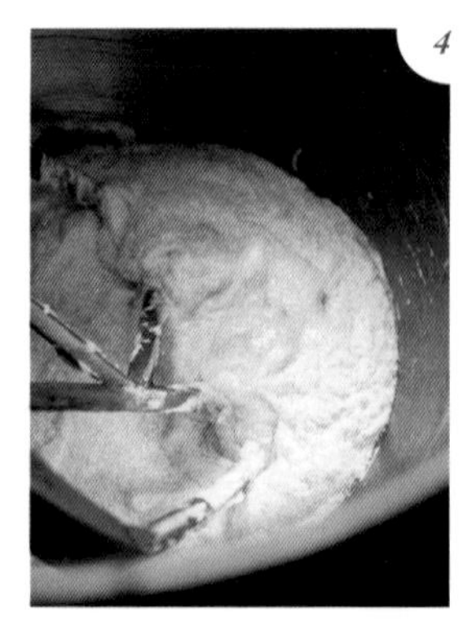

4 因水分（蛋白）較多，所以會呈現分離狀態。如照片般即OK。

依序加入抹茶香萃、白罌粟籽，每次加入後都充分混拌。

＊罌粟籽是口感及香味的重點，在加入粉類前先混拌使其遍布於全體。

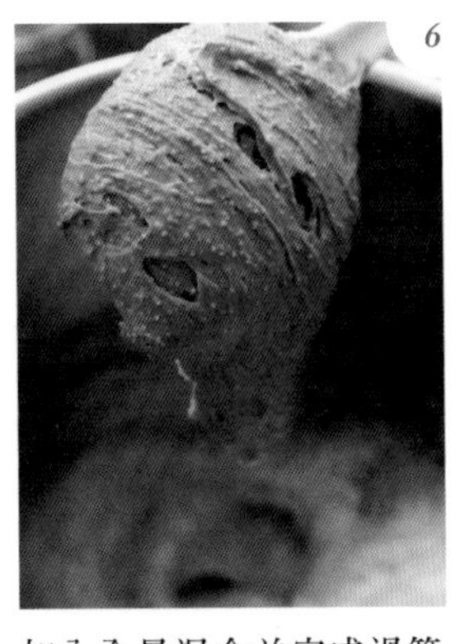

加入全量混合並完成過篩的抹茶粉、米粉、玉米粉，仔細混拌。如照片中全體混合均勻。

＊因添加了米粉，所以可以製作出如米菓般的香氣與脆口。

取出少量*6*的麵糊，添加二種顏色的色粉，充分混拌。

＊爲避免色粉結塊，先與部分麵糊混合。

將7加入其餘麵糊中，仔細地混拌至全體滑順平整。

在*1*的黃豆粉麵團上塗抹270g步驟*8*的麵糊，用抹刀薄薄地推開成1mm的厚度。放置於冷藏冷卻至抹茶麵糊凝固爲止。

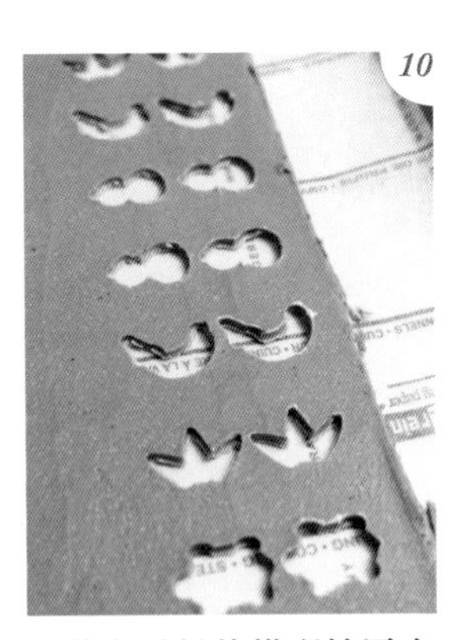

用蘸有手粉的模型按壓出形狀。

如照片般按壓出漂亮的雙層。確實冷卻使其凝固變硬很重要。

排放在烤盤上，用140℃的烤箱烘烤約20分鐘。爲突顯二種麵團的風味，必須注意避免過度烘烤。

二次麵團的活用法

按壓形狀後剩下的雙層麵團，可以直接重新混拌作爲二次麵團加以靈活運用。照片上是抹茶和黃豆粉、草莓和黃豆粉的雙層麵團，各別加入少量的玉米粉混拌，薄薄地擀壓後用切模壓切出形狀，放入140℃的烤箱烘烤約20分鐘左右的成品。在烘烤前撒上冰糖或黑、白罌粟籽，吃起來就像是粗糖煎餅的口感。照片下方是抹茶和黃豆粉的二次麵團，混入了珍珠糖、少量玉米粉以及極少量的色粉（黃、綠）重新混拌，絞擠成花形，以140℃烘烤完成。二種不同麵團的混搭，意外的口感也充滿了樂趣。

草莓與黃豆粉的雙層餅乾

加入少量覆盆子香萃，
更能呈現出自然的草莓香氣。

◉ 材 料 [200個]

〈雪茄餅乾麵糊〉
(使用以下製作好的270g)
奶油…80g
細砂糖…40g
海藻糖(Trehalose)…40g
杏仁粉…50g
蛋白…96g
草莓香萃*…5.5g
覆盆子香萃*…1g
米粉…80g
玉米粉…112g
小蘇打粉…0.5g
色粉(紅)…3/5小匙(以1/10小匙計量)

黃豆粉餅乾麵團(→p.81)…260g

*草莓香萃是使用「Toque Blanche草莓」、覆盆子香萃是使用「Toque Blanche覆盆子」(兩者皆是Dover公司的產品)

◉ 製作方法

1) 將黃豆粉餅乾麵團擀壓成2mm的厚度，放至冷藏冷卻。

2) 製作草莓雪茄餅乾麵糊。與p.84「抹茶與黃豆粉的雙層餅乾」製作步驟相同。奶油、細砂糖和海藻糖，混拌至顏色發白。加入杏仁粉混拌，依序加入蛋白、草莓和覆盆子香萃，充分混拌。

3) 加入混合並完成過篩的米粉、玉米粉、小蘇打粉，仔細混拌。取出部分加入色粉充分混拌均勻，再與其餘麵糊一起拌合使全體顏色均勻。

4) 在*1*表面塗抹上270g步驟*3*的草莓雪茄餅乾麵糊，用抹刀薄薄地推開成1mm的厚度。放置於冷藏冷卻至麵糊凝固為止。

5) 用蘸有手粉的模型按壓出千鳥、梅花、小槌、鯛的形狀。
*按壓出的餅乾大小約是3cm左右。按壓後剩餘的麵團活用法請參照p.85。

6) 排放在烤盤上，用140℃的烤箱烘烤約20分鐘。

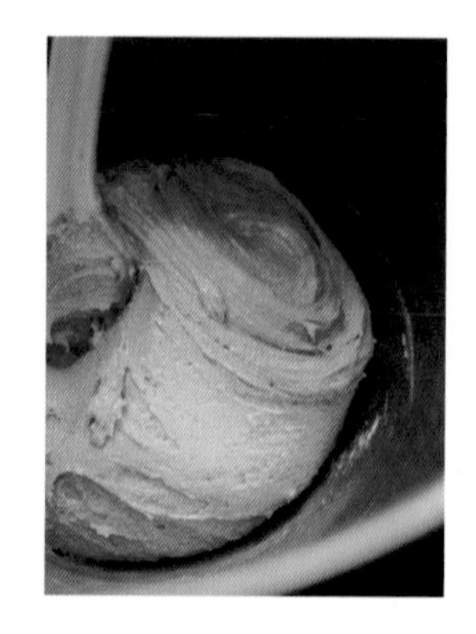

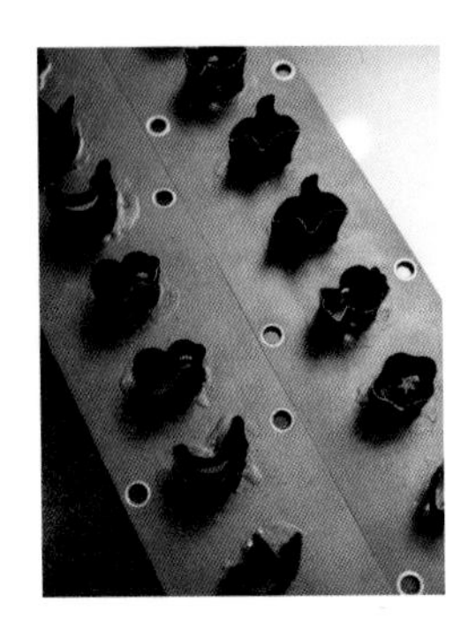

column

關於模型

在Atelier UKAI，有一些使用了獨家自創的模型或擠花嘴來製作的餅乾。例如：維也納風格的花形餅乾（p.23），就是考量到形狀要讓女性覺得賞心悅目，即使是在餐後也會不由自主地想伸手取用而製作的。在討論花形壓模時，在心中對於日式和風的強烈感受下，還是決定在既有的櫻花模型上增加1片花瓣，變成了6瓣。雖然不是四葉幸運草，但也曾聽聞若能看到6片花瓣的櫻花是無敵的幸運，因此帶著這樣的玩心試著多增加了1瓣。

此外，和風餅乾中介紹的黃豆粉餅乾（p.80），或抹茶黃豆粉的雙層餅乾（p.82）等，使用的都是原創的切模。松竹梅、千鳥、鯛、龜、小槌、葫蘆…無論哪一種，都是吉利喜慶時使用的模型，同時也是非常可愛的一口大小。當時的構想是像日式糕點落雁等干菓子的印象。漂亮的顏色、具有季節感的形狀、包裝的美感。以此作爲饋贈，更凝聚了「祈祝對方幸福」日本貼心待客的精神。Atelier UKAI也希望對方能接收到這樣的心情，因而展顏歡笑。在許多這樣的想法下，製作出這些模型。這樣的餅乾，在色彩和形狀上都能展現變化，也成爲團集系列日式餐廳，慶賀或締結良緣的宴席上不可或缺的存在。

覆盆子粉餅乾

活用雙層餅乾切模後剩餘的二次麵團，製作出的創意餅乾。加入了非常適合搭配覆盆子的白巧克力和椰子粉，在酸味中更添圓融。由兩種不同麵團所呈現出的特殊顆粒般口感，與表面沾裹上大量覆盆子粉的爽口滋味，就是最大的特徵。

◉ 材 料 ［100個］

〈餅乾麵團〉
草莓和黃豆粉雙層餅乾麵團的二次麵團（p.86）…250g
草莓香萃*…4g
覆盆子香萃*…1.5g
白巧克力…20g
椰子粉*…20g
糖粉…25g
玉米粉…12g
泡打粉…1g

覆盆子的裝飾用粉（→p.124）…200g

＊草莓香萃是使用「Toque Blanche草莓」、覆盆子香萃是使用「Toque Blanche覆盆子」（兩種都是Dover公司的產品）
＊椰子粉先用烤箱烘烤至酥脆。

◉ 製 作 方 法

1) 在草莓和黃豆粉雙層餅乾麵團的二次麵團中，加入草莓和覆盆子香萃，用槳狀攪拌棒混拌。＊因黃豆粉麵團的比例較多，添加香萃以補強香氣和顏色。
2) 加入切碎的白巧克力和椰子粉，混拌後，再加入完成過篩的糖粉、玉米粉、泡打粉，仔細地混拌。
3) 將麵團填入裝有6號6齒星型擠花嘴的擠花袋內，絞擠出直徑3cm左右的星形。靜置於冷藏約30分鐘後，以140℃的烤箱烘烤約20分鐘。放涼降溫再沾裹上覆盆子的裝飾用粉，放入網篩以篩去多餘的粉。

鹹香鹽味餅乾

使用了起司、辛香料和蔬菜的獨創餅乾，來自下酒點心的概念。在糕點製作的技巧中，炒香辛香料後加入、使用蔬菜泥等，汲取了料理精華，孕育出獨一無二、存在感十足的商品陣容。

鹽味
起司餅乾

大量使用具起司的濃郁及香氣的埃達姆起司製作而成的
奶油酥餅。飄散著香料風味，是一款酥脆的下酒餅乾。

☞ p94

香料咖哩砂布列
焦香洋蔥與砂勞越胡椒的奶油酥餅

衝擊性十足的咖哩與洋蔥胡椒的奶油酥餅。
辛香料與洋蔥確實拌炒的步驟，就是美味的重點。

☞ p96

黑芝麻七味・山椒的
起司奶油酥餅

用磨豆機碾磨黑芝麻七味與青山椒釋出香氣，
以起司為基底的麵團。帶著嗆辣成熟風味的奶油酥餅。

☞ p100

山葵起司奶油酥餅

使用了山葵粉和磨成泥的山葵，帶著天然辛辣的奶油酥餅。
山葵的清爽餘韻在口中緩緩擴散。

☞ p101

培根洋芋奶油酥餅

使用炒得香脆的培根和鬆軟的馬鈴薯製作而成，
點心感十足的奶油酥餅。香香脆脆的口感令人欲罷不能。

☞ p102

紅蘿蔔鹹脆餅
毛豆鹹脆餅

以紅蘿蔔與毛豆的蔬菜泥製成的樸質鹹脆餅。
蔬菜天然的風味及色澤、爽脆的輕盈口感是最大的特色。

☞ p104

番茄蛋白餅

使用了大量番茄醬汁和乾燥蛋白粉製作而成的輕爽蛋白餅。
能直接品嚐到番茄的酸味、醬汁層次感豐富的美味。

☞ p107

海苔鹽蛋白餅

視覺上、風味上都是海苔鹽，入口瞬間就能嚐到熟悉且深刻的風味。
其中隱藏提味用的是燻製醬油，最適合搭配啤酒的蛋白餅。

☞ p110

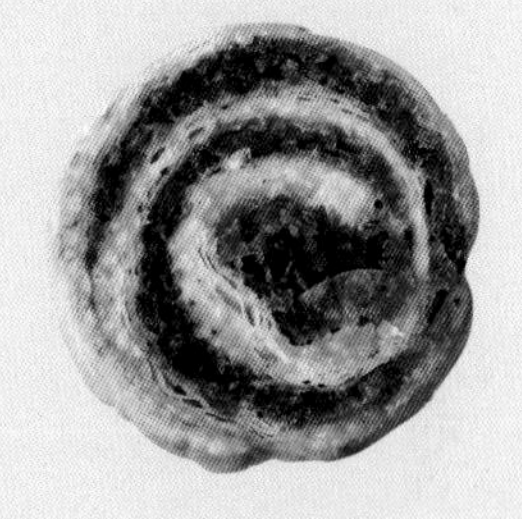

橄欖圈狀派餅

將鯷魚橄欖泥包捲在派麵團中烘烤而成，香酥的下酒菜。
只要有麵團很容易就能輕鬆完成，更具魅力。

☞ p112

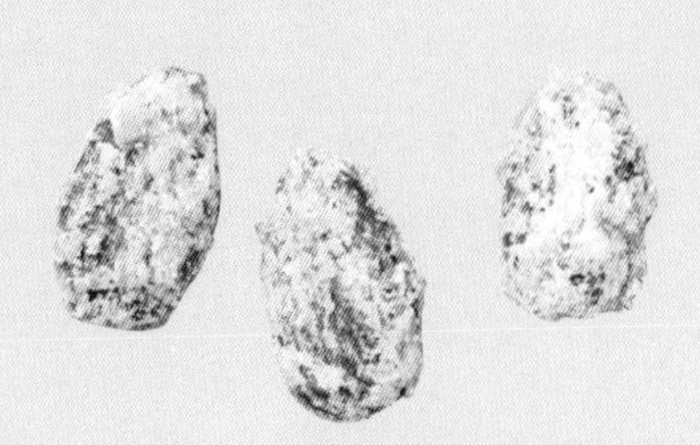

牛蒡糖霜
杏仁果

帶皮牛蒡磨成泥後，加入焦糖中包裹住杏仁果。
隱約飄散的黑芝麻七味與山青椒，更有提味的效果。

☞ p114

松露鹹脆餅
松露與薯泥的奶油酥餅

將鹹脆餅或培根洋芋奶油酥餅加以變化成松露風味。
使用了新鮮松露，爲了特殊時刻製作的餅乾。

☞ p116

鹽味起司餅乾

大量地使用了烘烤後更增添香氣的埃達姆起司。
胡椒和卡宴紅椒粉十足的辣味，與酥鬆輕盈的口感令人停不下手。
不僅是啤酒，也非常適合搭配餐後酒的餅乾。

◉ 材 料 [150片]

〈餅乾麵團〉
奶油…125g
糖粉…95g
鹽之花（磨細使用）…2.5g
白胡椒…0.5g
卡宴紅椒粉（Cayenne Pepper）… 少量
全蛋…50g
牛奶…25g
杏仁粉…63g
埃達姆起司（粉）（Edam Cheese）…160g
低筋麵粉…110g

◉ 製作方法

1 冷卻的埃達姆起司與低筋麵粉一起以食物調理機（cutter）攪打成鬆散的細碎狀。

＊起司會釋出油脂而容易結塊，使得餅乾變硬，所以起司必須先與粉類混合備用。

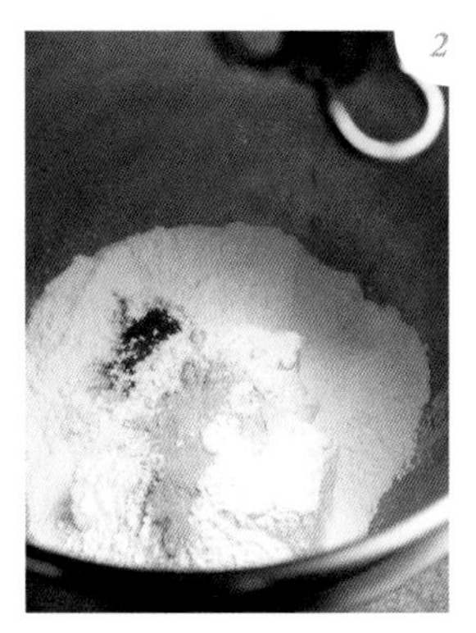

2 在另外的缽盆中放軟化的奶油，再加入糖粉、鹽之花、白胡椒、卡宴紅椒粉，以槳狀攪拌棒攪拌至顏色發白、體積膨鬆爲止。

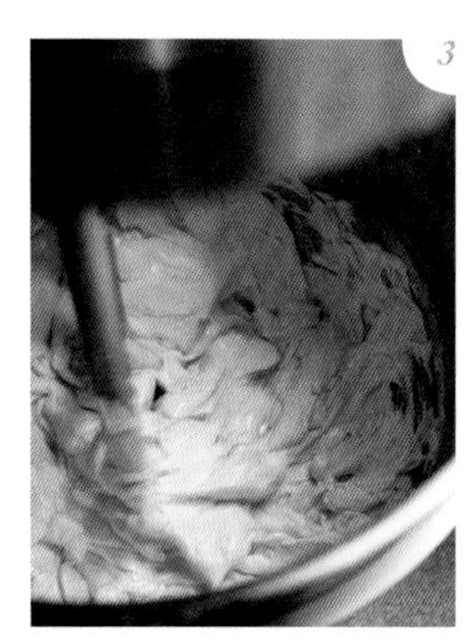

3 加入全蛋的一半用量混合。

＊爲了使餅乾有爽脆的口感，不只使用蛋黃而是全蛋。

4 加入一半的牛奶用量，混拌。待融入全體材料後，再依序加入其餘的全蛋和牛奶，並混拌均勻。

5 一旦麵團能夠整合成團，加入全部的杏仁粉。確實混拌至所有的材料結合。

6 加入1的起司和粉類，混拌至全體均勻。

＊因麵團水分較多，容易分離。所以在5的步驟中要確實混拌至材料完全結合。

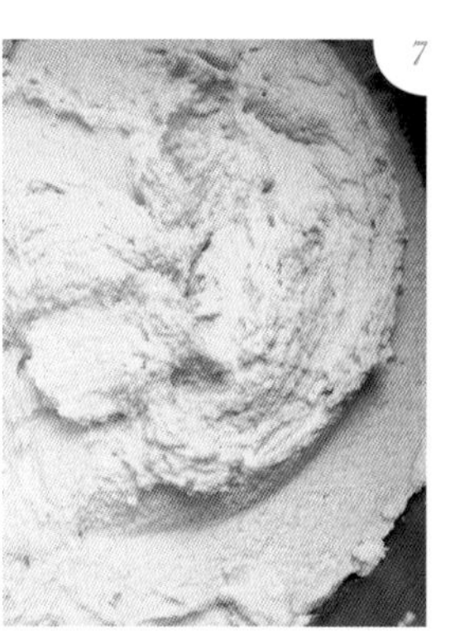

7 完成時的麵團，因加入了起司所以看起來表面粗糙。

8 將7填入裝有8齒，寬16mm擠花嘴的擠花袋內，絞擠成5.5cm長。用120℃的烤箱烘烤約30分鐘。＊爲突顯奶油和起司的香氣，要注意避免過度烘烤。

香料咖哩砂布列
焦香洋蔥與砂勞越胡椒的奶油酥餅

由p.94的「鹽味起司餅乾」，所衍生出咖哩及洋蔥胡椒風味的奶油酥餅。考量到咖哩特有的綜合辛香料的辛辣風味，加入洋蔥和胡椒的重點，在於緩緩釋出洋蔥的甘甜與胡椒爽口的對比。無論哪一種辛香味，都很適合搭配啤酒。

香料咖哩砂布列

拌炒辛香料，突顯出香氣的一道小手續，
就是最重要的步驟。

香料咖哩砂布列使用的辛香料可依個人喜好調整。咖哩粉（HOUSE特製咖哩粉）和添加了辣椒、紅椒的紅色綜合辛香料爲基底之外，還加入了兩種顆粒香料（茴香籽、芫荽籽），形成了獨特的香氣。

◉ 材 料 ［120片］

〈餅乾麵團〉
奶油…100g
糖粉…75g
全蛋…40g
牛奶…20g
咖哩粉…9g
紅色綜合辛香料*…9g
茴香籽…3g
芫荽籽（coriander）（整粒）…3g
杏仁粉…50g
埃達姆起司（粉）（Edam Cheese）…125g
低筋麵粉…90g

紅色綜合辛香料*… 適量

＊使用的是Le Jardin des Epices公司（法國）的綜合辛香料。

◉ 製作方法

1 茴香籽和芫荽籽以小～中火加熱，邊晃動鍋子邊慢慢地翻炒以釋出辛香料的香氣。攤放在方型淺盤上冷卻。

＊不要加熱至上色，可能會釋出苦味。

2 將1用磨豆機攪打成粉，加入咖哩粉、紅色綜合辛香料一起混拌。

＊藉由使用磨豆機攪打成粉，更能釋放出香氣。

3 埃達姆起司與低筋麵粉以食物調理機（cutter）攪打成鬆散的細碎狀。

4 在軟化的奶油中，加入糖粉，以槳狀攪拌棒攪拌至顏色發白、體積膨鬆爲止。全蛋分二次加入，仔細混拌。

5 牛奶分二次加入混拌。

＊一旦加入水分會容易導致分離，必須充分混拌。

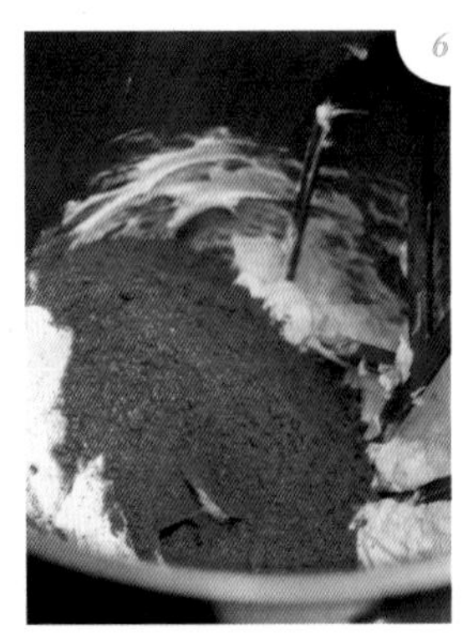

6 加入2的辛香料混拌。

＊辛香料在粉類之前加入，就是製作的重點。

使辛香料能遍布全體奶油地充分混拌。

依序加入杏仁粉、步驟3的起司與低筋麵粉，仔細混拌至粉類完全消失爲止。

將麵團填入裝有寬16mm的鋸齒擠花嘴的擠花袋內，絞擠成5.5cm長的波浪狀。靜置於冷藏約30分鐘。

輕輕撒上紅色綜合辛香料，用120℃的烤箱烘烤約30分鐘。

＊爲突顯奶油和起司的香氣，要注意避免過度烘烤。

焦香洋蔥與砂勞越胡椒的奶油酥餅

焦糖色洋蔥的概念，
所以請仔細拌炒洋蔥片。

◉ 材 料 ［120片］

〈餅乾麵團〉
奶油…100g
糖粉…75g
鹽之花（磨細使用）…0.5g
全蛋…40g
牛奶…20g
乾燥洋蔥片＊…27g
砂勞越胡椒…3g
杏仁粉…50g
埃達姆起司（粉）（Edam Cheese）…126g
低筋麵粉…90g

＊乾燥洋蔥片使用非油炸的製品。

帶著清爽香氣和嗆辣的砂勞越胡椒，馬來西亞產。如果沒有，也可改用自己喜歡的胡椒。

◉ 製作方法

1） 在平底鍋內不倒入油脂地放入乾燥洋蔥片，以小～中火仔細加熱.。待全體呈焦糖色、出現甘甜香氣時，將其攤放在紙上放涼。

＊製作焦糖色洋蔥的要領，就是避免燒焦地緩慢加熱。

2） 將1用磨豆機攪打成鬆散的粉末狀。砂勞越胡椒也同樣用磨豆機攪打成粉，與洋蔥粉混合拌勻。

3） 依p.97「香料咖哩砂布列」3～8的方式製作麵團。2的洋蔥和砂勞越胡椒粉末，在放入杏仁粉前加入，混拌全體至均勻。

4） 將3填入裝有寬16mm的鋸齒擠花嘴的擠花袋內，絞擠成5.5cm長的波浪狀。靜置於冷藏約30分鐘。

5） 用120℃的烤箱烘烤約30分鐘。

column

鹹香風味的製作

鹹味（salé鹽味）餅乾的出發點，是被餐廳「UKAI亭」的客人問道「是否有適合餐後下酒的餅乾呢？」，當時思索鹹香風味的餅乾該是什麼樣？一切皆由此開始。有了這樣的概念，下意識地想要製作出搭配酒類具衝擊性的風味。我自己本身也喜歡喝酒，所以也可以說是以自己想吃的味道，開心地研發製作。

在此，也活用了曾經在UKAI亭廚房中工作的經驗。例如：紅蘿蔔的鹹脆餅（p.104），紅蘿蔔泥中添加的柳橙和蘋果汁，就是由UKAI亭所使用的紅蘿蔔醬汁，添加了兩種果汁而得來的靈感。培根洋芋奶油酥餅（p.102）當中使用的香脆培根，就是取用廚房中經常備用的培根來試作，辛香料的提香方式或組合的要訣等，都是在此習得。如此將料理思維放入餅乾中，鹹香餅乾的表現應該不僅限於起司或咖哩風味，可以有更寬廣的發展空間，這眞的是只有Atelier UKAI才擁有的堅強商品陣容。不僅是餐後酒，也有適合搭配啤酒、香檳等酒類的選擇，也建議可以用於家庭派對中的隨手小點心，或手作小禮物。這也正是我們今後要加強變化組合的領域。

黑芝麻七味・山椒的起司奶油酥餅

以p.95「鹽味起司餅乾」加以變化組合，加入了黑芝麻香氣的七味辣粉和青山椒，
帶著辛辣的成熟風味。

◉ 材料［120片］

〈餅乾麵團〉
奶油…100g
糖粉…75g
鹽之花（磨細使用）…1.5g
黑芝麻七味…6g
青山椒*…0.5g
全蛋…40g
牛奶…20g
杏仁粉…50g
埃達姆起司（粉）（Edam Cheese）…125g
低筋麵粉…90g

黑芝麻七味*…適量

＊黑芝麻七味是七味辣椒粉中加入了芝麻，也可依個人喜好自行調配。
＊青山椒是高知縣產的新鮮山椒乾燥後的製品，特徵是具有強烈的香氣和辛辣味。

◉ 製作方法

1） 黑芝麻七味與青山椒一起用磨豆機打成粉末。
2） 參照以p.97「香料咖哩砂布列」的步驟3～8製作餅乾麵團。將1的黑芝麻七味和青山椒與糖粉同時加入拌勻。
3） 將2填入裝有寬16mm的鋸齒擠花嘴的擠花袋內，絞擠成5.5cm的長條狀。兩端輕輕撒上磨豆機攪打細的黑芝麻七味粉。靜置於冷藏約30分鐘。
4） 以120℃的烤箱烘烤約30分鐘。

山葵起司奶油酥餅

直接感受到的山葵風味，來自混合了山葵粉和磨成泥的新鮮山葵。
隱藏在其中的提味則是醬油。

材 料 [140片]

〈餅乾麵團〉
奶油…100g
糖粉…75g
山葵粉…18g
磨成泥的山葵*…43g
全蛋…40g
牛奶…20g
醬油…4g
杏仁粉…85g
埃達姆起司（粉）（Edam Cheese）…90g
低筋麵粉…90g

*磨成泥的山葵使用的是日本國內產的冷凍品，解凍備用。也可以使用軟管的山葵泥。

製作方法

1）山葵粉與糖粉、磨成泥的山葵與全蛋一起混拌備用。
*山葵粉雖然是直接散發氣味，但味道略爲單調。搭配磨成泥的新鮮山葵使用，更能增加食用後的清爽後韻。

2）參照以p.97「香料咖哩砂布列」的步驟3～8製作餅乾麵團。醬油與牛奶同時加入。

3）將2填入裝有寬10mm的圓口擠花嘴的擠花袋內，絞擠出三個相連的圓形使其呈三角形。靜置於冷藏約30分鐘。

4）以120℃的烤箱烘烤約30分鐘。

培根洋芋奶油酥餅

培根與洋芋的組合，是大家都喜歡的味道。
使用煎得香酥的培根與鬆軟的洋芋製作的奢華餅乾。
隱藏提味的是甘甜蜂蜜，更突顯出鹹香風味。

◉ 材 料 [240個]

〈餅乾麵團〉
奶油…100g
糖粉…50g
煙燻鹽(smoked salt)(磨細使用)…2.5g
胡椒(磨細使用)…1.5g
蜂蜜…25g
蛋黃…16g
馬鈴薯泥…175g
帶皮培根…150g
杏仁粉…68g
埃達姆起司(粉)(Edam Cheese)…60g
低筋麵粉…60g
玉米粉…9g
泡打粉…3g

帶著煙燻香味的煙燻鹽和胡椒，各別以磨豆機打成粉備用。

馬鈴薯泥放至回復室溫，混拌至滑順備用。

◉ 製作方法

製作香脆培根。帶皮培根切碎，以大火翻炒。待釋出油脂改以小火，仔細拌炒。

＊自製的香脆培根就是這款餅乾的美味關鍵。

待拌炒至香脆後將培根攤放在廚房紙巾上，以吸去多餘的油脂。放涼後以食物調理機(food cutter)將培根切得更碎。

＊可以大量製作，冷凍保存。

用食物調理機將埃達姆起司、低筋麵粉、玉米粉、泡打粉一起細細地攪碎。

在軟化的奶油中放入糖粉、煙燻鹽、胡椒混合拌勻。添加蜂蜜，用槳狀攪拌棒攪打至顏色發白、體積膨鬆爲止。

加入蛋黃確實混拌至材料結合後，再加入馬鈴薯泥充分混拌。

加入2的香脆培根，混拌至遍布全體。

依序加入杏仁粉和步驟3混合好的起司與粉類，每次加入後都仔細混拌。

＊麵團是柔軟的，看起來略爲粗糙的部分是馬鈴薯的纖維。

將麵團填入裝有4號6齒星型擠花嘴的擠花袋內，絞擠成直徑2cm的大小。靜置於冷藏約30分鐘，用120℃的烤箱烘烤約20分鐘。

紅蘿蔔鹹脆餅
毛豆鹹脆餅

用蔬菜製作，可以品嚐到樸實自然風味，並且呈現自然色彩的簡約鹹脆餅。
特徵是香酥與輕脆的口感，令人心曠神怡的鹹味，簡單就能製作，
所以也很適合用於聚會等。剛烘烤完成的溫熱狀態也很美味。

紅蘿蔔鹹脆餅

在紅蘿蔔泥中下了工夫。
香味油更烘托了紅蘿蔔的滋味。

材 料 [110片]

〈鹹脆餅麵團〉
低筋麵粉…250g
泡打粉…7g
小蘇打粉…5g
糖粉…23g
鹽之花(磨細使用)…6g
冷壓白芝麻油…92g
紅蘿蔔泥
- 紅蘿蔔泥*…130g
- 蘋果汁…20g
- 柳橙汁…20g
- 細砂糖…26g

香味油
- EV橄欖油…125cc
- 紅蘿蔔、芹菜…各1/4根
- 白胡椒粒…1大匙
- 芫荽籽(整粒)…適量

白胡椒粉…適量

*紅蘿蔔泥是將紅蘿蔔用果汁機榨出的果泥。

製作方法

1 製作香味油。用小火加熱香味油的材料，加熱至40℃時熄火，放置一夜使香氣移轉至油脂中。

2 在鍋中放入紅蘿蔔泥、蘋果汁、柳橙汁、細砂糖，以中火加熱。

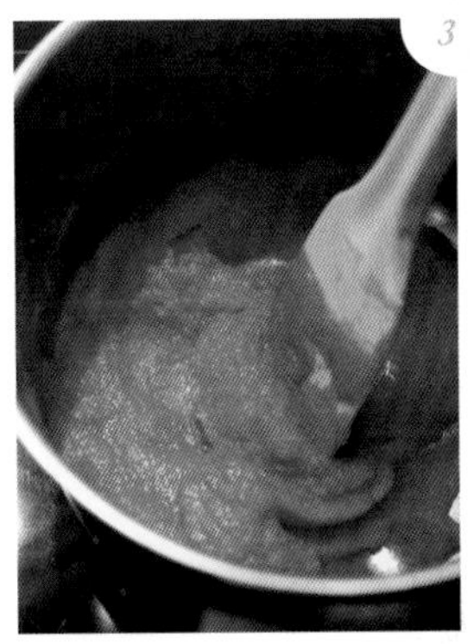
3 熬煮濃縮至130g，冷卻備用。

*熬煮的程度就像是將原來的紅蘿蔔泥用量熬煮至水分揮發的感覺。

4 混合低筋麵粉、泡打粉、小蘇打粉過篩，與糖粉、鹽之花一起放入缽盆中，以攪拌器混拌。加入冷壓白芝麻油。

5 待芝麻油完全遍布材料之中，再加入3的果泥，以刮杓切拌。

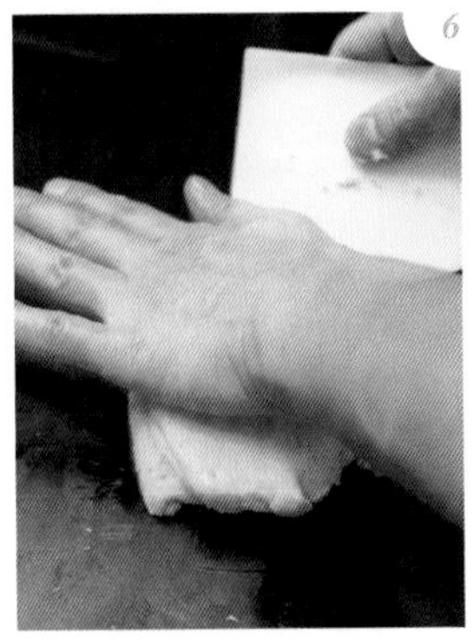
6 取出麵團放至工作檯上，對半切開後重疊用手按壓，不斷地重覆並整合。

*雖然是柔軟的麵團，但請不要使用手粉地進行整合。

7 將麵團擀壓至3～4mm厚，分切成2cm及3.5cm二種大小的正方形。靜置冷藏約30分鐘。

*厚度及大小可視個人喜好地調整。

8 在整體表面薄薄地刷塗香味油。輕輕撒上白胡椒粉，以100℃的烤箱烘烤約1小時。*藉由胡椒更烘托出紅蘿蔔的甘甜。

毛豆鹹脆餅

非常簡單地用毛豆泥製作。
加入切碎的毛豆也能有畫龍點睛的美味。

◉ 材 料［110片］

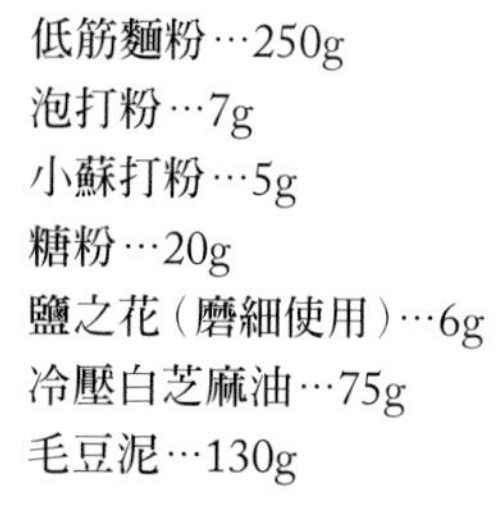

低筋麵粉…250g
泡打粉…7g
小蘇打粉…5g
糖粉…20g
鹽之花（磨細使用）…6g
冷壓白芝麻油…75g
毛豆泥…130g

毛豆泥的要領，是將毛豆壓碎，或是也可以用食物調理機打碎製作。

◉ 製作方法

1 混合低筋麵粉、泡打粉、小蘇打粉過篩，與糖粉、鹽之花一起放入食物調理機（cutter）內攪打。加入冷壓白芝麻油，繼續攪打至油脂與粉類融合。

2 加入毛豆泥，再次攪打至全體均勻為止。若是不易攪打時，可以取出用刮杓混拌。

3 將麵團放至工作檯上，用手掌按壓，對切、疊放、再按壓，不斷地重覆並整合。至粉類完全消失為止。

4 將麵團擀壓至3～4mm厚。

＊上下用烤盤紙夾住麵團擀壓，可避免使用手粉造成麵團粉類比例增加。

5 分切成1.6cm及3.5cm二種大小的正方形。靜置於冷藏約30分鐘。

＊厚度及大小可以視個人喜好調整。

6 以100℃的烤箱烘烤約1小時。

＊因為想要呈現毛豆自然的顏色，所以採用低溫烘烤避免呈現烘烤色澤。

變化組合

以野菜製作的餅乾，最推薦的就是鹹脆餅了。如何分辨哪一種蔬菜適合製作？只要想想「是否適合製作成濃湯」。除了紅蘿蔔、毛豆之外，菠菜、南瓜、甘薯、馬鈴薯等薯類、牛蒡、洋蔥、蘑菇、豆類等都很適合製作鹹脆餅。

番茄蛋白餅

番茄果泥中添加巴薩米可醋、蒜粉、綜合香草熬煮成南法風格的番茄湯，是基本的風味。
只要一道手續就能完成的美味，非常適合搭配香檳、白酒。
乾燥番茄片、荷蘭芹、切達起司的裝飾，更能提升風味及色澤。

◉ 材 料 〔220個〕

〈蛋白霜材料〉
番茄果泥（3倍濃縮）…150g
海藻糖（Trehalose）*…100g
鹽之花（磨細使用）*…0.5g
巴薩米可醋…1g
綜合香草（磨細使用）*…1g
蒜粉…1g
乾燥蛋白粉*…23g
細砂糖*…10g

〈番茄＆荷蘭芹的裝飾〉
乾燥番茄片、乾燥荷蘭芹… 各適量

〈荷蘭芹＆起司的裝飾〉
切達起司（粉狀）、乾燥荷蘭芹… 各適量

＊海藻糖與鹽之花充分混合後備用。
＊綜合香草是使用Le Jardin des Epices公司（法國）「普羅旺斯綜合香草」。也可用普羅旺斯香草（Herbes de Provence）代替。
＊乾燥蛋白粉與細砂糖混合備用。

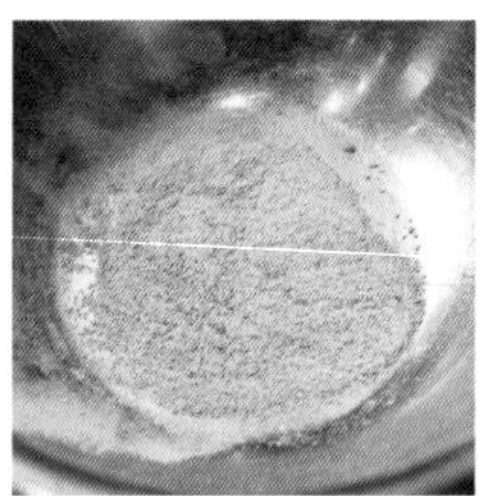

綜合香草混合了多種香草植物，例如鼠尾草、迷迭香、百里香...，以磨豆機打細後使用。

◉ 製 作 方 法

1 在鍋中放入半量的番茄果泥，加入海藻糖和鹽之花，充分混拌後加熱。

2 加入巴薩米可醋、綜合香草和蒜粉，略加熬煮至巴薩米可醋的酸味揮發。

3 待綜合香草的風味融入後，煮至略有稠濃時即熄火。

4 墊放冰水使醬汁充分冷卻，再加入其餘的番茄果泥混拌。

＊後面才添加番茄果泥的另一半用量，是爲增添番茄的鮮度。

5

加入乾燥蛋白粉和細砂糖，用調理攪拌棒使其滑順地完全混拌。

＊乾燥蛋白粉因容易結塊不均勻，必須充分混拌。

6

移至攪拌機的缽盆中，確實打發成蛋白霜。

7

填入裝有6號6齒星型擠花嘴的擠花袋內，絞擠出直徑2cm的大小。

8

撒上乾燥的荷蘭芹、乾燥番茄片則用手壓碎後撒放裝飾表面。

＊將乾燥番茄片加入材料混拌也非常美味。

9

荷蘭芹&起司的裝飾。撒上乾燥荷蘭芹、用茶葉濾網篩撒起司粉。

＊使用帶著鹹味及香濃風味的切達起司，更能提味。

10

立即放入80℃的烤箱烘烤2小時，之後降至60℃烘烤一晚至乾燥。放入裝有乾燥劑的密閉容器保存。

＊家用烤箱溫度請參照p.12。

變化組合

例如，材料中添加了黑芝麻七味或山椒，或絞擠出的蛋白霜表面撒上核桃或戈根佐拉起司（Gorgonzola）等，因辛香料和裝飾，讓鹹味蛋白餅更加多樣化。另外，像下方的香菇蛋白餅，利用基本蔬菜泥製作，讓生鮮蔬菜或菇蕈類也都能製作成蛋白餅。

◉ 香菇蛋白餅製作方法

1）50g切片的新鮮香菇放入烤箱中略略烘烤，和100g的水用調理攪拌棒攪打成香菇泥。

2）添加2g的鹽之花及50g的海藻糖，加熱至海藻糖確實溶化。

3）降溫後，加入各別用磨豆機打碎的2g鰹魚粉、2g昆布、10g乾燥香菇、2g燻製醬油和45g乾燥蛋白粉，再用調理攪拌棒攪打至呈滑順，再放入攪拌機確實打發成蛋白霜。

4）絞擠成圓形的蛋白霜上擺放新鮮香菇片、撒上乾燥香菇粉，放入80℃的烤箱烘烤2小時，再以60℃烘烤一晚至乾燥。

海苔鹽蛋白餅

用蛋白餅來表現大家熟悉洋芋片常有的"海苔鹽"風味。
青海苔的風味和隱藏於其中，燻製醬油的香氣，後韻十足令人欲罷不能。
毫無疑問地適合搭配啤酒，是小點心感覺的蛋白餅。

◉ 材 料 [200個]

〈蛋白霜材料〉
水…75g
海藻糖(Trehalose)A…25g
鹽之花(磨細使用)…1g
燻製醬油…1g
青海苔…4g
海藻糖B…25g
乾燥蛋白粉*…22g

海苔鹽(→p.125)…60g

＊海藻糖B與乾燥蛋白粉先混合拌勻備用。

◉ 製作方法

1 在鍋中放入水、海藻糖A、鹽之花，加熱至海藻糖完全溶化。

2 墊放冰水使其充分冷卻，加入燻製醬油混合拌勻。

3 停止冰水墊放，加入青海苔充分混拌。

4 加入海藻糖B和乾燥蛋白粉，以調理攪拌棒混拌至呈滑順狀態。

＊乾燥蛋白粉易結塊，需要充分攪拌。

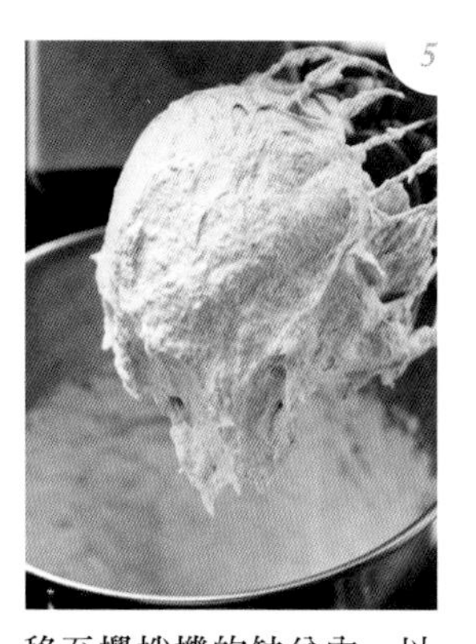

5 移至攪拌機的缽盆內，以高速確實打發成蛋白霜。

＊青海苔的纖維會使得表面略呈粗糙狀。

6 填入裝有口徑14mm的圓型擠花嘴的擠花袋內，絞擠成直徑2cm的大小。

7 在6上撒放海苔鹽。放入80℃的烤箱烘烤2小時，之後降至60℃烘烤一晚至乾燥。

＊因帶有鹽分，所以必須注意不要撒放過多。家庭用烤箱溫度請參照p.12。

8 海苔鹽的蛋白餅中，有著細緻的氣泡和大量的青海苔。與乾燥劑一起放入密閉容器內保存。

橄欖圈狀派餅

若有派麵團就能立即製作的簡單下酒小派餅。除了橄欖之外，
還能作出洋蔥片與牛肉乾、番茄醬汁與普羅旺斯香草、芝麻與鹽之花、
橄欖與乾燥水果、核桃、蜂蜜等組合，光是思考各種搭配法就是一種樂趣。

◉材　料　[40片]

派麵團（→p.55）…125g
鯷魚橄欖醬（Tapenade）
　鯷魚（去骨魚片）*…10g
　橄欖（鹽水浸漬）*…100g
　白胡椒…少量
EV橄欖油…適量
綜合香草*…適量
全蛋（過濾後）…適量

*鯷魚先用冰水浸泡30分鐘左右再沖洗以洗去鹹味。
*橄欖瀝乾水分備用。
*綜合香草使用的是Le Jardin des Epices公司（法國）「普羅旺斯綜合香草」。也可用普羅旺斯香草（Herbes de Provence）代替。

◉ 製作方法

1）派麵團擀壓成16×40cm、厚1.5mm的大小。靜置於冷藏室。

2）製作鯷魚橄欖醬。鯷魚用食物調理機略爲攪打，加入橄欖切成粒粗狀。再加入白胡椒。

*與其攪打成泥狀，不如切成粗粒會更有口感也更香。

3）將步驟1的派麵團橫向放置，靠近身體方向的2～3cm用手指按壓使麵團變薄。在按壓處薄薄地刷塗全蛋液，沒有刷塗蛋液的部分則全部刷塗上EV橄欖油。

4）將鯷魚橄欖醬均勻塗抹在刷有EV橄欖油的部分，再撒上綜合香草。由外側朝自己身體的方向捲起，接合處仔細地封好。

*請注意若捲得太緊會在烘烤時裂開破損。

5）爲方便分切再次放入冷凍，在半解凍的狀態下在表面刷塗全蛋液，以1cm的寬度分切成片。

6）切面朝上地排放在烤盤上。中央處略加按壓使其推展成直徑3cm的大小。爲了平坦地完成烘烤，在餅乾表面覆蓋上烤盤紙，以180℃的烤箱烘烤約15分鐘。取出後用烤盤從烤盤紙表面輕輕按壓使其平坦，再次放入烤箱烘烤15分鐘。

*之後繼續放入80℃的烤箱烘烤約2小時，可以完全揮發鯷魚橄欖醬的水分，提高保存性。

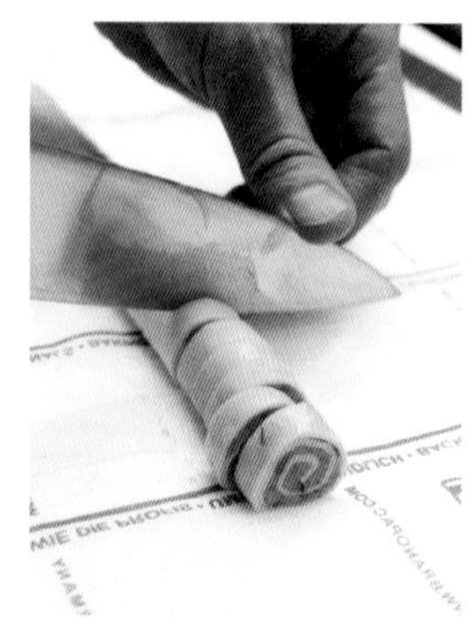

牛蒡糖霜杏仁果

Atelier UKAI的餅乾盒中不可或缺，就是這款杏仁果的點心。
撲鼻而來的牛蒡香氣和焦糖的甜香、搭配杏仁果的脆口，令人愛不釋手。
隱約帶著七味和山椒辛辣的炒牛蒡風味。添加薑味也很好吃。

◉ 材 料

帶皮杏仁果…200g
細砂糖…100g
鹽之花（磨細使用）…1.5g
黑芝麻七味*（磨細使用）…0.5g
青山椒*（磨細使用）…0.5g
帶皮牛蒡…20g
水…27g

＊黑芝麻七味是七味辣椒粉中加入了芝麻。也可依個人喜好自行調配。
＊青山椒是高知縣產的新鮮山椒乾燥後的製品，特徵是具有強烈的香氣和辛辣味。

◉ 製作方法

1 帶皮杏仁果放入150℃的烤箱中烘烤約8分鐘。

＊澆淋糖霜時也會受熱，因此當表皮開始呈淡淡色澤時即可取出。

2 混合細砂糖、鹽、黑芝麻七味、青山椒備用。

3 牛蒡帶皮清洗後，以細網目的磨泥器磨成泥。

＊牛蒡的纖維容易形成結塊，所以儘可能磨細。

4 在銅鍋中放入水、步驟2、3的材料一起混拌並加熱熬煮。

5 當溫度達116℃時，熄火，將1的杏仁果全部倒入使其均勻沾裹。

6 一直持續混拌，沾裹在杏仁果上的焦糖會產生糖化結晶。

7 再以小～中火加熱，使沾黏在鍋子的砂糖溶化後，再次沾裹也使杏仁果受熱。

＊要避免糖過度焦化而導致牛蒡的風味消失。

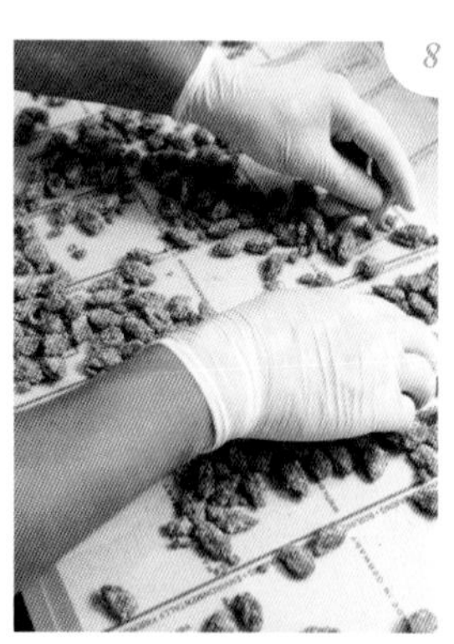

8 攤放在烤盤紙上，趁熱將每顆杏仁果分開冷卻。

松露鹹脆餅
松露與薯泥的奶油酥餅

集團系列餐廳，一到冬季就會提供使用大量松露的特別菜單。由此得到靈感製作出的餅乾有兩種。鹹脆餅，因松露沾裹著土壤而添加了全麥粉，呈現醇厚的風味。薯泥的奶油酥餅，則是由混入松露的薯泥爲概念來製作。充滿豐富餘韻的香氣，新鮮松露才能呈現。也推薦大家到餐廳嚐鮮。

松露鹹脆餅

大量使用新鮮松露和松露油的鹹脆餅。
鬆脆輕盈的口感。

◉ 材 料 [80片]

〈鹹脆餅麵團〉
低筋麵粉…200g
低筋麵粉（全麥粉）…30g
糖粉…12g
松露鹽（市售）…5g
泡打粉…8g
小蘇打粉…5g
松露油（市售）…58g
松露汁（Jus de truffes）（市售）…30g
馬德拉酒（Madeira）…23g
松露（切粗丁）…62g

松露油、松露鹽…各適量

◉ 製 作 方 法

與p.106「毛豆鹹脆餅」製作步驟相同。

1） 混合低筋麵粉、全麥麵粉、糖粉、松露鹽、泡打粉、小蘇打粉，一起放入食物調理機（cutter）內攪打。加入松露油，繼續攪打粉碎。
2） 混合松露汁和馬德拉酒。加入松露用調理攪拌棒攪打，使松露變得細碎。
3） 將步驟1由缽盆中取出，加入2之中，以刮杓切拌。取出放至工作檯上，對切、疊放、用手按壓，不斷地重覆並整合麵團。
＊至粉類完全消失即可。
4） 將麵團擀壓至3mm厚，分切成3×4cm的長方形大小。靜置於冷藏約30分鐘，以100℃的烤箱烘烤約1小時。
＊擀壓後的麵團可保凍保存。
5） 降溫後，塗抹松露油再撒上松露鹽。

松露與薯泥的奶油酥餅

利用松露與馬鈴薯非常速配的組合，
製作出酥鬆的奶油酥餅。

◉ 材 料 [150個]

〈餅乾麵團〉
奶油…100g
松露油（市售）…40g
糖粉…80g
松露鹽（市售）…1g
白胡椒…1g
蜂蜜…24g
蛋黃…20g
松露汁（Jus de truffes）
（市售）…8g
馬鈴薯泥…240g
松露（切碎）…35g
杏仁粉…95g
埃達姆起司（粉）
（Edam Cheese）…82g
低筋麵粉…80g
玉米粉…12g
泡打粉…3.5g

松露油…適量

◉ 製 作 方 法

與p.102「培根洋芋奶油酥餅」製作步驟相同。

1） 用食物調理機（cutter）將埃達姆起司、低筋麵粉、玉米粉、泡打粉一起細細地攪碎。
2） 在軟化的奶油中放入松露油、糖粉、松露鹽、白胡椒混合拌勻。添加蜂蜜，用槳狀攪拌棒攪打至顏色發白、體積膨鬆為止。
3） 加入蛋黃和松露汁確實混拌至材料結合後，再加入馬鈴薯泥充分混拌。
4） 加入切碎的松露，混拌至遍布全體。依序加入杏仁粉和步驟1，每次加入都仔細混拌。
5） 將麵團填入裝有4號6齒星型擠花嘴的擠花袋內，絞擠成直徑2cm的大小。靜置於冷藏約30分鐘，用130℃的烤箱烘烤約20分鐘。降溫後塗抹松露油。

增添餅乾的樂趣

副材料與裝飾

1 果醬
2 占度亞巧克力堅果醬
3 裝飾用粉類
4 澆淋糖霜
5 巧克力的調溫

1 果醬

只要塗抹立即改變味道的深度，視覺上也十分華麗的果醬，製作餅乾時能增添樂趣的重要品項。適合搭配餅乾的是酸味和香氣清晰分明的種類，可以考慮塗抹製作成夾心餅乾，必要時利用果膠或透明鏡面果膠（Nappage neutre），就能成爲具形狀保持性和具適度濃度的狀態。基本上以常用的濃度來保存，使用時重新熬煮成方便使用的硬度。可以多製作一些再分成小量冷凍保存，僅解凍必要用量使用（以下是方便製作的量）。

柚子果醬

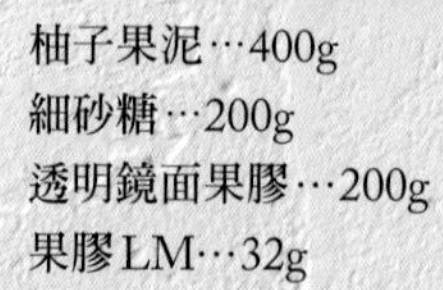

柚子果泥…400g
細砂糖…200g
透明鏡面果膠…200g
果膠LM…32g

◉ 果膠與部分細砂糖混合備用（A）。柚子果泥、其餘的細砂糖、透明鏡面果膠加熱，至沸騰後再加入A，邊混拌邊熬煮。

＊使用於p.76「柚子果醬的白罌粟籽餅乾」。

檸檬果醬

檸檬果泥…500g
杏桃果泥…250g
百香果泥…250g
細砂糖…335g
透明鏡面果膠…200g
果膠LM…44g

◉ 果膠與部分細砂糖混合備用（A）。檸檬、杏桃、百香果的果泥、其餘的細砂糖、透明鏡面果膠加熱，至沸騰後再加入A，邊混拌邊熬煮。

＊用於p.44「搭配檸檬果醬的貝殼形紅茶餅乾」。

百香果果醬

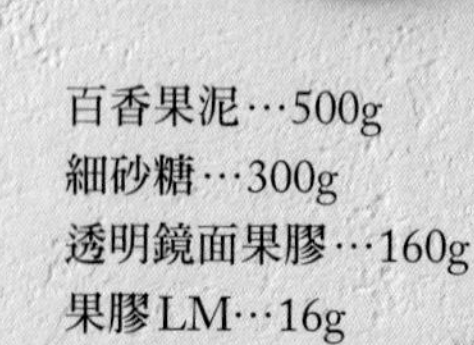

百香果泥…500g
細砂糖…300g
透明鏡面果膠…160g
果膠LM…16g

◉ 果膠與部分細砂糖混合備用（A）。百香果的果泥、其餘的細砂糖、透明鏡面果膠加熱，至沸騰後再加入A，邊混拌邊熬煮。

＊用於p.40「鑲填百香果果醬的巧克力餅乾」。

果醬的濃度會依用途而有所不同，因此使用時可用酒稀釋、重新熬煮等方法加以調整。香氣容易揮發的利口酒，則在完成時添加。

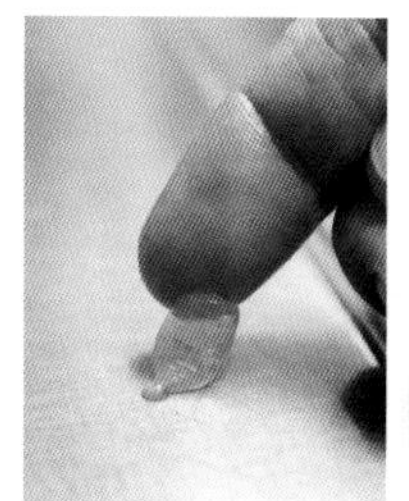

塗抹於餅乾時

取必要用量加熱，用刮杓邊攪拌邊熬煮至容易塗抹的濃度。以塗抹時不會滴流的濃稠度爲標準。

絞擠於餅乾時

取必要用量加熱，熬煮至容易絞擠的濃度。冷卻時會柔軟地凝固爲使用標準。

紅醋栗果醬

紅醋栗（Groseille）果泥…300g
細砂糖…155g
透明鏡面果膠…50g
果膠LM…5g
櫻桃酒…5g

◉ 果膠與部分細砂糖混合備用（A）。紅醋栗果泥、其餘的細砂糖、透明鏡面果膠加熱，至沸騰後再加入A，邊混拌邊熬煮。冷卻後加入櫻桃酒。

＊Atelier UKAI是用於「紅醋栗花形餅乾」。

覆盆子果醬

覆盆子果泥…300g
細砂糖…180g
檸檬汁…1/3個
覆盆子白蘭地（Eau-de-Vie）…15g

◉ 在鍋中放入覆盆子果泥、細砂糖、檸檬汁，邊混拌邊熬煮。熄火，放涼後加入覆盆子白蘭地。

＊用於p.23「維也納風格的花形覆盆子果醬夾心餅乾」。

紅莓果醬（紅色果實）

黑醋栗果泥…150g
覆盆子果泥、草莓果泥…各75g
細砂糖…200g
杏桃的鏡面果膠…400g
月桂葉…1/2片、丁香…1粒
黑胡椒粒…1又1/2小匙
馬德拉酒…適量

◉ 加熱黑醋栗、覆盆子、草莓的果泥、細砂糖、杏桃鏡面果膠至溶化，添加月桂葉、丁香、黑胡椒粒浸泡，將香氣移轉至果醬內。墊放冰水冷卻，加入馬德拉酒。

＊用於p.27「澆淋紅莓果醬的肉桂餅乾」。

2 占度亞巧克力堅果醬

塗抹在夾心餅乾、填裝在餅乾卷當中…占度亞巧克力堅果醬（Gianduja），是餅乾不可或缺充滿香氣的堅果巧克力醬。市售的占度亞巧克力堅果醬的容量很大，家庭用或較小的店家很難短期使用完畢，但只要有食物調理機（food cutter）就能製作，所以建議可以少量地在家裡自製。堅果要焦糖化至何種程度，要碾磨到什麼樣的粒度…都可以配合個人喜好來製作，更能突顯出餅乾的獨特性。

占度亞
巧克力杏仁果醬

占度亞
巧克力椰子醬

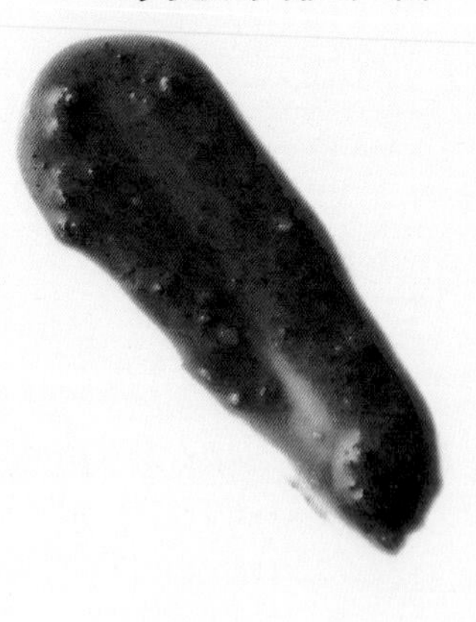

占度亞
巧克力核桃醬

占度亞
巧克力開心果醬

占度亞巧克力 杏仁果醬

細砂糖…150g
水…40g
帶皮杏仁果*…220g
牛奶巧克力（可可成分46%）…153g
可可塊…62g
可可脂…26g

＊混合等量的瓦倫西亞品種和馬爾科納品種。

＊用於p.131「維也納風格餅乾、占度亞巧克力醬」。

細砂糖和水熬煮至116℃。熄火加入帶皮杏仁果，邊混拌邊使其糖化。

用中～強火加熱，混拌至砂糖的結晶溶解，產生焦糖化。與其說是讓杏仁果完全受熱，不如說是想要利用焦糖香氣包覆杏仁果烘托出甜味。攤放在方型淺盤放涼。

將2放入食物調理機攪打成膏狀，即使有少許顆粒殘留也OK。這樣更適合搭配餅乾。

隔水加熱融化牛奶巧克力、可可塊、可可脂與打成膏狀的焦糖杏仁果使其融合，用調理攪拌棒攪打成光滑的乳化狀態。墊放冰水急速冷卻，以眞空包裝冷藏保存。

占度亞巧克力 開心果醬

開心果膏…100g
烘烤過的開心果膏…100g
糖粉…100g
牛奶巧克力（可可成分41%）…70g
可可脂…55g

＊用於p.47「填入占度亞巧克力開心果醬的餅乾卷」。

開心果與烘烤過的開心果膏充分混拌至滑順。加入糖粉混拌。

少量逐次地加入隔水加熱融化的牛奶巧克力和可可脂，待全體均勻後再加入其餘的融化巧克力，混拌至平順光滑爲止。

以細網目的過濾器過濾（必要時可加溫保持其流動性，以方便過濾）。

占度亞巧克力 椰子醬

細砂糖…150g
水…40g
帶皮杏仁果*…95g
椰子粉…110g
牛奶巧克力（可可成分46%）…130g
牛奶巧克力（可可成分33%）…102g
可可脂…52g

＊混合等量的瓦倫西亞品種和馬爾科納品種。

◉ 製作方法以「占度亞巧克力杏仁果醬」爲準。與1同樣地糖化杏仁果，待焦糖化後加入椰子粉。以食物調理機攪打成膏狀，混合融化的牛奶巧克力、可可脂，使其乳化。＊用於p.131「維也納風格椰子餅乾、占度亞巧克力椰子醬」。

占度亞巧克力 核桃醬

帶皮核桃（烘烤過）*…225g
細砂糖…225g
牛奶巧克力（可可成分41%）…105g
可可脂…15g

＊核桃用140℃的烤箱烘烤約15分鐘。

◉ 製作方法以「占度亞巧克力開心果醬」爲準。烘烤過的核桃與細砂糖一同以食物調理機攪打成膏狀。加入融化的巧克力和可可脂混拌。＊用於p.51「占度亞巧克力核桃醬夾心的餅乾」。

3 裝飾用粉類

在此介紹沾裹在餅乾外的粉類。在細砂糖或糖粉中混拌辛香料或冷凍乾燥的水果等，製作成粉末狀，可以烘托出餅乾令人印象深刻的風貌，更提升色彩及口感。使用糖粉時，用的是所謂“不哭（不會溶化）”的裝飾用防潮糖粉。因爲顏色容易揮發，所以僅製作當次使用的分量（以下是方便製作的量）。

香草糖

◉ 混合細砂糖100g、香草莢的香草籽1/4根、二次使用的香草莢8g，連同香草莢一起靜置讓香氣移轉。用於p.36「裹滿香草糖的新月餅乾」。

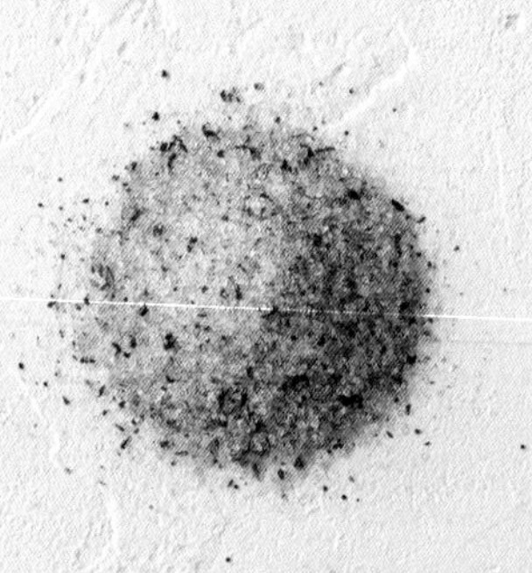

覆盆子的裝飾用粉

◉ 各150g的糖粉與和三盆糖、120g的覆盆子粉（覆盆子冷凍乾燥製成的粉末）用攪拌器充分混拌而成。用於p.88「覆盆子粉餅乾」。

肉桂的裝飾用粉

◉ 用攪拌器混拌8g的肉桂粉（錫蘭肉桂）和200g的和三盆糖。沾裹在肉桂風味的餅乾等，適用於各式各樣的餅乾。

草莓的裝飾用粉

◉ 糖粉和草莓粉（草莓冷凍乾燥製成的粉末）以5：1混合，以攪拌器充分混拌而成。用於p.38「草莓的酥鬆餅乾」。

優格的裝飾用粉

◉ 混合150g的糖粉和30g的優格粉（西班牙SOSA公司），以攪拌器充分混拌而成。用於p.38「優格與草莓的酥鬆餅乾」。

柚子砂糖

◉ 2個柚子皮磨成泥和300g糖粉混拌，柚子果實也可以整個埋入糖粉中，裹滿糖粉轉移香氣。果實周圍的糖粉也可混入使用。放置在溫暖的場所半天，再用食物調理機攪打至粉末狀。用於p.76「柚子果醬的白罌粟籽餅乾」。

黃豆粉的裝飾用粉

◉ 65g的黃豆粉、各125g的糖粉及和三盆糖，用攪拌器混拌而成。用於p.80的「黃豆粉餅乾」。

抹茶的裝飾用粉

◉ 和三盆糖與糖粉各100g、抹茶粉50g，用攪拌器混拌而成。用於p.68的「抹茶奶油酥餅」。

黑糖焙茶的裝飾用粉

◉ 黑糖粉50g和焙茶粉2g，用攪拌器混拌而成。用於p.68的「黑糖焙茶奶油酥餅」。

白芝麻的裝飾用粉

◉ 等量的白芝麻、和三盆糖、糖粉，混合後用磨豆機打碎製成。用於p.74「芝麻風味的酥鬆餅乾」。

黑芝麻的裝飾用粉

◉ 與「白芝麻的裝飾用粉」同樣地以等量的黑芝麻、和三盆糖、糖粉，混合後用磨豆機打碎製成。用於p.74「芝麻風味的酥鬆餅乾」。

山椒的裝飾用粉

◉ 高知縣產的乾燥青山椒，用磨豆機打至粉碎後加入少量糖粉，以攪拌器充分混拌而成。用於p.70的「青山椒奶油酥餅」。

海苔鹽

◉ 青海苔50g和10g鹽之花混拌，以磨豆機打至粉碎。用於p.110的「海苔鹽蛋白餅」。

4 澆淋糖霜

以糖霜（glace a l'eau）澆淋的餅乾，眞有說不出的魅力。柔和的顏色、光澤以及獨特的口感，還有令人安心的甘甜…。小時候很喜歡剛烘烤出爐就塗上果醬或蜂蜜的餅乾，現在想起來眞是充滿懷念的滋味。餅乾上塗抹果醬、澆淋糖霜是層疊其風味的作法。餅乾、果醬、糖霜要如何組合排列，產生相加乘的效果。話雖如此，家庭製作時，使用現有的果醬、或僅澆淋糖霜，已是十足美味。此外，糖霜成了保護膜，使餅乾不致相黏，也是附加的優點。

黑醋栗果醬
＋
紅酒糖霜

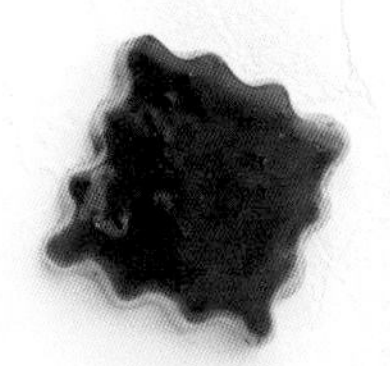

紅莓果醬
＋
薄荷糖霜

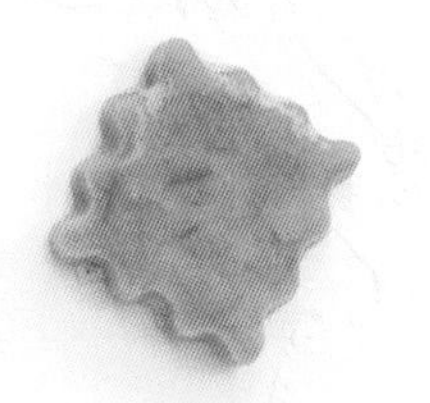

橙皮果醬
＋
紅茶糖霜

自由隨意的搭配組合

例如，香草餅乾試著塗上果醬和糖霜，試試與左頁不同的排列組合。巧克力餅乾塗抹橙皮果醬、黑醋栗果醬搭配上薄荷糖霜也OK。起司奶油酥餅般鹹味餅乾，搭配上橙皮果醬＋薄荷糖霜，雖然看似意外的組合，但嚐起來卻相當不錯。餅乾、果醬和糖霜的組合變化無限大。思索該如何搭配，也是餅乾製作的樂趣之一。

糖霜（glace a l'eau）的變化

糖霜是將糖粉溶化混拌於水製作而成。部分的水分替換成檸檬汁或咖啡、紅茶、葡萄酒、利口酒等液體，或部分的糖粉改以黑糖等其他的砂糖，再添加上香草、辛香料，也能讓糖霜充滿各式不同的風味。

薄荷糖霜

薄荷葉…1.5g
薄荷利口酒（GET 31）
…12g
檸檬汁…12g
水…36g
全糖粉（不含澱粉）
…120g

1 在缽盆中放入糖粉之外的所有材料，用調理攪拌棒混拌（打碎更能夠釋放香氣）。

2 將糖粉加入*1*當中，用刮杓或攪拌器仔細混合拌勻。

紅茶糖霜

水…75g
伯爵茶葉…2g
全糖粉（不含澱粉）…200g

◉ 煮沸熱水後放入伯爵茶葉，沖泡紅茶。放涼後加入糖粉，仔細地混合拌勻。

紅酒糖霜

紅酒…40g
檸檬汁…10g
全糖粉（不含澱粉）…165g

◉ 混拌紅酒和檸檬汁，加入糖粉，仔細地混合拌勻。紅酒使用勃艮第（Bourgogne）等，丹寧較少、較輕口的酒款。

塗抹糖霜

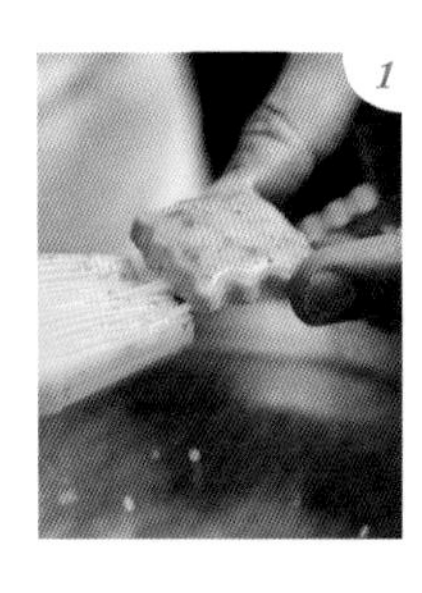

1 待果醬乾燥後，用毛刷蘸取糖霜，甩落多餘的糖霜刷塗在餅乾上。刷塗的量視個人喜好，毛刷以「盛放」的感覺塗抹較多比較美味。

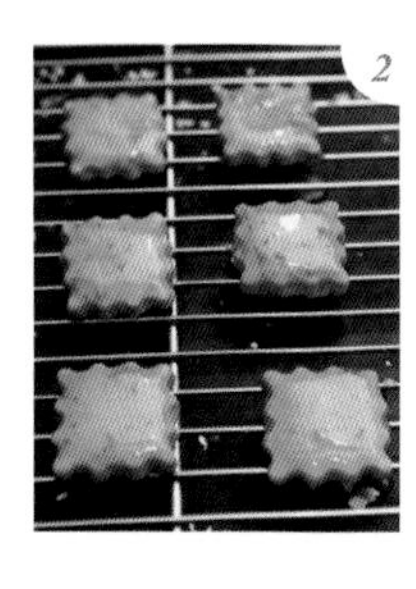

2 直接放置，水分會滲入果醬當中，所以應該立即放入100℃的烤箱中烘烤3～4分鐘使其乾燥。

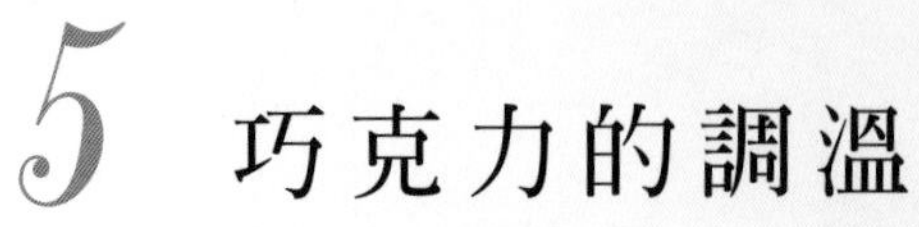

5 巧克力的調溫

剛烤好簡單的餅乾也有其魅力，但塗抹了果醬、撒上了糖粉或是以巧克力劃出圖紋－只是多花一道手續，就可以讓餅乾的風味和外觀有大幅的提升。特別是巧克力在裝飾上不僅方便使用，更是餅乾的絕配。可以因應麵團的風味來選擇區分使用黑、牛奶或是白巧克力。

巧克力的
調溫範例

a　餅乾的凹陷處填入了占度亞巧克力椰子醬，用融化的牛奶巧克力絞擠出細緻的圖案（piping）。在兩者尚未乾燥前撒上開心果和椰子粉。（→ p.131）

b　占度亞巧克力核桃醬夾心的核桃餅乾（→ p.50）。占度亞巧克力核桃醬夾心餅乾的表面，用融化的黑巧克力絞擠出圖案。堅果類的餅乾非常適合搭配力道十足的黑巧克力。

c　草莓蛋白餅（→ p.58）用調溫過的白巧克力來裝飾表面。在巧克力未乾前用手將冷凍乾燥草莓片揉碎撒在表面。

d　肉桂風味的餅乾表面，用融化的白巧克力畫出圖紋。在巧克力未乾前將冷凍乾燥覆盆子敲碎撒在表面。

e　薑香榛果蛋白餅（→ p.56）的表面，用融化的黑巧克力畫出圖紋。巧克力爲榛果提味，更增添蛋白餅的美味。

f　檸檬風味的蛋白餅表面，以調溫過的白巧克力依閃電泡芙的要領進行裝飾。在尚未完全凝固前撒上綠色大茴香籽。水果的風味與白巧克力是最適合的搭配。

g　絞擠成心型的草莓蛋白餅（→ p.62）表面，以融化的白巧克力劃出圖紋。

h　以花形切模製作的草莓餅乾麵團，夾入紅栗醋果醬的夾心。僅半邊沾裹上融化的白巧克力，在尚未凝固前撒上冷凍乾燥的覆盆子和雙色銀糖珠（argent）（粉紅珍珠 / 香檳金）。粉紅與白色的對比搭配可愛討喜。

維也納風格的情人節餅乾
自製占度亞巧克力堅果醬

適合情人節，製作二種使用自製占度亞巧克力堅果醬的餅乾。巧克力麵團搭配占度亞巧克力杏仁果醬，以及椰香麵團搭配占度亞巧克力椰子醬的組合，裝飾也走華麗風。有著濃郁酥脆的餅乾，和醇濃的占度亞巧克力堅果醬的香濃滋味。

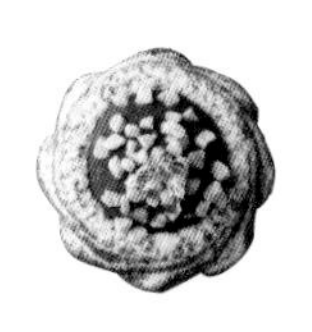

維也納風格的情人節餅乾
占度亞巧克力杏仁果醬

◉ 材　料　[90 個]

巧克力餅乾麵團（→ p.41）…900g*
占度亞巧克力杏仁果醬（→ p.123）…650g

糖粉… 適量
杏仁碎（烘烤過）… 適量
金箔… 適量

* p.40「鑲填百香果果醬的巧克力餅乾」餅乾麵團的全部用量。

◉ 製 作 方 法

1） 將巧克力餅乾麵團填入裝有 4 號 6 齒星型擠花嘴的擠花袋內，絞擠成直徑 4cm 的圓形。用鋁箔紙包覆圓形擠花嘴，按壓在絞擠出的麵團中央，使中央凹陷。
2） 以 140℃的烤箱烘烤約 22 分鐘。放涼降溫。
3） 均匀地篩滿糖粉。以隔水加熱軟化占度亞巧克力杏仁果醬，大量絞擠至中央凹陷處。在占度亞巧克力杏仁果醬凝固前，撒上杏仁碎和金箔。

維也納風格的情人節餅乾
占度亞巧克力椰子醬

◉ 材　料　[90 個]

〈餅乾麵團〉
奶油 …200g
糖粉 …100g
鹽之花（磨細使用）…1g
蛋白 …72g
椰子果泥 …72g
低筋麵粉 …290g
玉米粉 …200g
杏仁粉 …80g
泡打粉 …4g
小蘇打粉 …4.5g
椰子香萃（如果有）…4g

占度亞巧克力椰子醬（→ p.123）…650g
牛奶巧克力… 適量
椰子粉… 適量
開心果… 適量

◉ 製 作 方 法

1） 與 p.40「鑲填百香果果醬的巧克力餅乾」*1*～*7* 相同的步驟製作麵團（鮮奶油換成椰子果泥、不加可可粉）。
2） 將 *1* 填入裝有 4 號 6 齒星型擠花嘴的擠花袋內，絞擠成直徑 3.5cm 的圓形。用鋁箔紙包覆圓形擠花嘴，按壓在絞擠出的麵團中央，使中央凹陷。
3） 以 140℃的烤箱烘烤約 22 分鐘。放涼降溫。
4） 以隔水加熱軟化占度亞巧克力椰子醬，大量絞擠至中央凹陷處，以融化的牛奶巧克力劃出線條裝飾。在占度亞巧克力椰子醬凝固前，撒上椰子粉和開心果。

麵團索引

本書介紹的餅乾，依麵團的製作方法，大致可區分如下。
＊粗體字是右頁表格中出現的餅乾。

＊兩者皆是「雪茄餅乾麵團」，但只能將其分類在砂糖奶油法中。

＊鹹脆餅不使用奶油，而是油脂與粉類的結合。

餅乾的分類

以下是「Atelier UKAI」具代表性15種餅乾的配方比例分布。以等量奶油時的配方比例來計算比較，「低筋麵粉」和「雞蛋等水分（含果泥或膏狀物質）」的多寡。嚴格來說，低筋麵粉之外的粉類、堅果、蛋黃或是蛋白、膨脹劑有無等，都與麵團的狀態、口感有複雜的關係，但「芝麻風味的酥鬆餅乾，低筋麵粉較多、水分較少，所以形成了鬆散的口感，並沒有添加連結麵團的雞蛋，所以易碎」；「核桃餅乾因含較少的粉類，是水分較多的麵團，因而採取絞擠方式整形」等等，本圖表的目的是爲能客觀地理解餅乾大致的特徵。像是「爲了使口感更加潤澤，減少粉類而增加水分」等調整麵團配方；或是「在圖表空白的領域製作餅乾」等，也可以作爲開發餅乾的參考。此外，如下加註餅乾的口感。

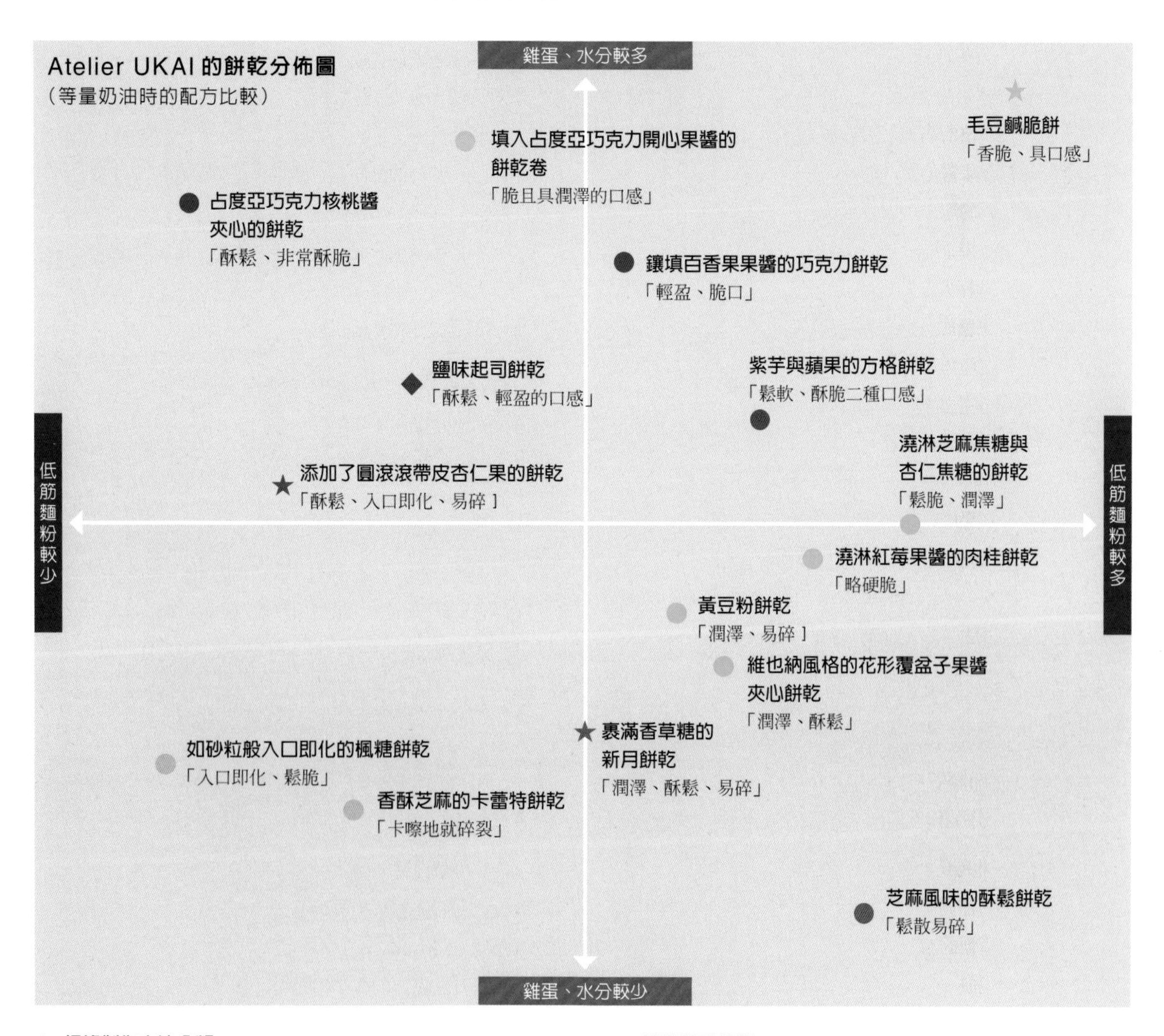

1 根據製作方法分類

餅乾名稱前的標示是表示製作方法。
加上配方比例、製作方法，對餅乾的口感有很大的影響。

- ● 砂糖奶油法
  …一般是因爲砂糖和奶油混拌時飽含空氣而形成鬆脆感。
- ★ 麵粉奶油法
  …一般是因爲先混合粉類和油脂，而形成酥脆的口感。
- ◆ 綜合上述的兩種製作方法
  …擁有兩種製作方法的特性。酥鬆且輕盈。

2 根據整型分類

餅乾名稱的顏色，是表示餅乾的整型（成形）。
可以瞭解因麵團的柔軟程度，形狀也隨之改變。

- ■ 裝入模型的餅乾…麵團柔軟，沒有裝入模型難以保持形狀。
- ■ 用手滾圓、分切、整型的餅乾…粉類較多容易崩壞，所以分切。也必須注意奶油較多，容易溶化的狀態。
- ■ 擀壓、以模型按壓的餅乾…某個程度上易於延展的麵團，可以保持形狀。
- ■ 冷藏型餅乾…麵團整合成棒狀，冷卻分切。
- ■ 絞擠的餅乾…麵團中的水分較多，無法用手操作，而用絞擠的方式。
- ■ 倒入矽膠軟模的餅乾…因麵團水分多，可以薄薄地推展開。

結語

「顧客會如何開心欣喜，是否能樂在其中呢」

身為製作者，這是必須持續不斷思考的事。

或許有人會認為這樣的想法，理所當然毋需多言。最初沒有人會忘記這個重點，但卻在不知不覺間迷失、遺忘了吧。我在遇見「うかい（Ukai）」之前又是如何呢？回首過去，腦中浮現在我沮喪時，以笑臉回答：

「想要使人開心，首先自己必須先樂在其中才可以」

每天製作糕點的作業，或許辛苦的部分不少，但我想心情還是一樣的。「這樣的食材組合眞是太天衣無縫了」，或是「這樣的造型應該會嚇到大家吧」；「今天出爐的看起來眞美味」等⋯無論什麼事都好，就是要讓自己能樂在其中。再加上「想要讓那個人品嚐看看」的心情，或許就是最棒的。在我的腦海中浮現出的那個人，非常多。

糕點製作的知識和技術雖然很重要，但這是為了支撐住「想要傳遞」的心情，所必須具備的形式。也因為有這些想要傳遞的強烈心情，才能在深刻的糕點世界中，將其具體化並推廣吧。

希望本書能對讀者有所助益，能更深入觸及餅乾的樂趣，對我而言就是無上的喜悅了。深切地希望除了品嚐糕點之外，製作糕點的欣喜心情也能一併傳遞給大家。

本書的出版，謝謝協助將此結集成冊，柴田書店的鍋倉由記子小姐和大山裕平先生的照片，給了我相當大的勇氣。

最後，在此由衷地感謝平日與我一起製作糕點的所有工作人員、うかい（Ukai）的支持並大力給予協助的諸位。眞心地感謝大家。

2016年5月

鈴木滋夫

鈴木滋夫

1974年生於岐阜縣。大阪阿倍野辻製菓專門學校畢業，歷經法國的研修，任職於東京的糕點店，之後擔任Ecole辻東京的糕點教師。2003年進入（株）うかい（UKAI），2006年擔任洋食事業部糕點師。負責餐廳「うかい亭」的點心製作，餐後的迷你花式點心（petit four）受到廣大好評。2013年開設了法式糕點店「Atelier UKAI アトリエうかい」。堅持“最美味地提供當季食材”，追求能感受季節樂趣的糕點製作。現在擔任「Atelier UKAI アトリエうかい」的總糕點師，統籌所有的糕點製作。

「Atelier UKAI」是うかい（UKAI）集團第一間法式糕點店。店內以餅乾爲首，透過玻璃窗可以看見並排著剛由工坊製作出的小糕點（demi sec）或充滿季節氣氛的生菓子。使用嚴選食材，仔細製成的糕點當中，充滿著「うかい亭」傳承下來的專業技巧和感性。Ecute品川、Trie京王調布都有店舖，部分商品也可以在「うかい亭」等集團下的餐廳或網路商店購得。

Atelier Ukai TAMAPLAZA（アトリエうかい たまプラーザ）

神奈川県横浜市青葉区新石川2-4-10　モリテックスたまプラーザビル1階
電話／045-507-8686
URL／http://www.ukai.co.jp/atelier/
営業時間／11:00～19:30
定休日／毎週日曜日、月曜日不定休
オンラインショップ／http://www.ukai-online.com/

Joy Cooking

日本米其林星級肯定的「Atelier UKAI」人氣餅乾大公開！
170個必學技巧與訣竅，298張詳盡步驟圖解
作者　鈴木滋夫
翻譯　胡家齊
出版者 / 出版菊文化事業有限公司　P.C. Publishing Co.
發行人　趙天德
總編輯　車東蔚
文案編輯　編輯部
美術編輯　R.C. Work Shop
台北市雨聲街77號1樓
TEL：(02)2838-7996　FAX：(02)2836-0028
法律顧問　劉陽明律師 名陽法律事務所
二版日期　2022年7月
定價　新台幣360元
ISBN-13 ： 9789866210860　　書　號　J151

讀者專線　(02)2836-0069
www.ecook.com.tw
E-mail　service@ecook.com.tw
劃撥帳號　19260956 大境文化事業有限公司

請連結至以下表單填寫讀者回函，將不定期的收到優惠通知。

初版封面

日本米其林星級肯定的「Atelier UKAI」人氣餅乾大公開！
170個必學技巧與訣竅，298張詳盡步驟圖解
鈴木滋夫 著
初版．臺北市：出版菊文化
2022　136面；19×26公分（Joy Cooking系列；151）
ISBN-13：9789866210860
1.CST：點心食譜
427.16　　111008064

STAFF
攝影　大山裕平
設計　片岡修一（PULL/PUSH）
編集　鍋倉由記子